Jürgen Krantz

Sputnik, Dampf & Fliegender Kramer

65 1025
65 1025

Jürgen Krantz

Sputnik, Dampf & Fliegender Kramer

Die Deutsche Reichsbahn in Farbe 1965–1980

transpress

Einbandgestaltung: Dos Luis Santos
Titelbild: In dem kleinen thüringischen Bahnhof Nöbdenitz zwischen Gera und Altenburg wartet am 5. Mai 1978 ein mit 58 3003 bespannter Zug auf einen entgegenkommenden, ebenfalls von einer rekonstruierten G 12 gezogenen Güterzug. Aufsicht und Lokführer benutzen die Zeit für einen Schwatz. Foto: Otto Blaschke

Frontispiz: Treffend illustriert dieses Bild, das am 18. August 1966 in Berlin Lichtenberg entstand, den Titel dieses Buches. Als »Sputnik« bezeichneten die Berliner die mit der Neubaudampftenderlok der Reihe 65.10 bespannten Doppelstock-Einheiten, die Ostberlin über den Außenring mit Potsdam verbanden. »Fliegender Kramer« wurde das Dienstfahrzeug des damaligen Ministers für Verkehrswesen und Generaldirektors der Deutschen Reichsbahn getauft in Anlehnung an die Namensgebung »Fliegender Hamburger« für den Vorkriegsschnelltriebwagen VT 137 225. Ohne Gardinen kann man ihn heute im Leipziger Hauptbahnhof besichtigen.

Bildnachweis: Die zur Illustration verwendeten Aufnahmen in diesem Buch stammen – wenn nichts anderes vermerkt ist – vom Verfasser.

ISBN: 3-613-71246-6

1. Auflage 2004

Sie finden uns im Internet unter:
www.transpress.de

Lektorat: Hartmut Lange
Scans: digi bild reinhardt, 73037 Göppingen
Innengestaltung: DTP-Büro Viktor Stern, 72160 Horb
Druck: Rung-Druck, 73033 Göppingen
Bindung: Karl Dieringer, 70839 Gerlingen
Printed in Germany

Vorwort

Seine Kindheit erlebte der Verfasser in den 30er-Jahren des vergangenen Jahrhunderts. Bei der Entdeckung seiner Umwelt war der Begriff Eisenbahn für das Kind untrennbar mit der Dampflokomotive verbunden, ob aus einem Buch, dem Weihnachtswunsch oder durch die Begegnung bei der Ferienreise an die Ostsee vermittelt. Da war es ein unvergesslicher Eindruck, in ein cremerotfarbenes Gefährt einzusteigen, das sich mit einem Motorengeräusch ähnlich einer Straßenbahn fortbewegte, das natürlich nichts anderes war, als ein ehemals preußischer Wittfeld-Akkutriebwagen der Deutschen Reichsbahn.

Viel stärker aber prägte sich dem Verfasser der Name der fast ein dreiviertel Jahrhundert bestehenden Staatsbahn durch ein Brückenbauwerk über den Pregelfluss ein: Die mit der Umgestaltung der Bahnanlagen in Königsberg 1926 eingeweihte doppelstöckige Reichsbahnbrücke.

Nach dem Zweiten Weltkrieg rückte das Thema Reichsbahn in weite Ferne. In der neuen Heimat des Verfassers trugen Lokomotiven und Wagen die Eigentumsbezeichnung der Deutschen Bundesbahn, und nur wenige wussten, dass die sowohl mit Licht- als auch Schattenseiten behaftete Bezeichnung »Deutsche Reichsbahn« mit dem Zusatz »im vereinigten Wirtschaftsgebiet« in der britisch-amerikanischen Besatzungszone noch bis zum 6. September 1949 verwendet wurde. Die alten DR-Dienstgradbezeichnungen hielten sich in der Bundesrepublik noch bis 1953. Und in Stuttgart blieb man der überholten Bahnbezeichnung sogar bis Ende 1976 treu, denn die Gäste konnten bis dahin im 1923 im Hauptbahnhof eröffneten »Reichsbahn-Hotel« logieren.

Bis zum hölzernen Aufsatz des Tenders randvoll mit Braunkohle beladen, wartet 01 1515, eine der komplett im Bw Berlin Ostbahnhof beheimateten sieben kohlegefeuerten 01.5er, am 12. Juli 1976 vor der mächtigen Halle des Ostbahnhofs auf ihren nächsten Einsatz. *Foto: Otto Blaschke*

Zehn Jahre sind vergangen, seit die als Folge des Zweiten Weltkriegs getrennte deutsche Staatsbahn wiedervereinigt wurde, so wie fast 50 Jahre nach der Reichsgründung von 1871 die Länderbahnen 1920 zur Deutschen Reichsbahn zusammengeschlossen wurden. Wie bei der so genannten »guten alten Zeit«, die das kaum jemals war, bleiben – trotz aller dunklen Abschnitte in der Geschichte der Nachkriegs-Reichsbahn einschließlich des Fotografierverbotes – einmalige Farbaufnahmen vom Eisenbahnbetrieb in Mitteldeutschland, für die ich mich neben weiteren Bildautoren vor allem bei Otto Blaschke und seine bald vierzigjährige Freundschaft bedanke.

Jürgen Krantz
Freiberg, im Mai 2004

Inhalt

Einleitung

Neubeginn unter dem Roten Stern

Das Ende des Zweiten Weltkriegs brachte – neben dem Verlust der deutschen Ostprovinzen – mit der Aufteilung des verbliebenen Staatsgebiets unter den alliierten Siegermächten auch die Trennung des Schienennetzes mit sich. Sowjetunion, USA und Großbritannien beteiligten außerdem Frankreich an der Besetzung Deutschlands mit einer Zone, die vom Saarland bis zum Bodensee reichte, und zu der auch ein Sektor Berlins gehörte.

Die französische Militärregierung ersetzte als Erste der vier Administrationen den Namen des Unternehmens durch die Bezeichnung »Oberdirektion der Deutschen Eisenbahnen des französisch besetzten Gebiets«. Nach wenigen Monaten wurde die Mitwirkung deutscher Entscheidungsträger auf eine beratende Tätigkeit reduziert. Nach langwierigen Verhandlungen konnte im Herbst 1947 endlich die »Betriebsvereinigung der Südwestdeutschen Eisenbahnen« ins Leben gerufen werden, während man schon vorher für das wirtschaftlich an Frankreich angeschlossene Saarland die »Saarländischen Eisenbahnen« (später »Eisenbahnen des Saarlands«) gebildet hatte. In weiten Bereichen wurde das zweite Gleis auf Hauptstrecken demontiert und zusammen mit Weichen und rollendem Material nach Frankreich abtransportiert.

Erheblich umfangreicher waren die Reparationslieferungen, die von der sowjetischen Besatzungszone (SBZ) geleistet werden mussten. Sie bestanden aus zahllosen Fahrzeugen, einschließlich des gesamten Bestands an Lokomotiven und stationären Einrichtungen des elektrischen Betriebs, der Demontage von 11.000 Kilometern eingleisiger Strecken und zahlreicher Weichen sowie dem Abbau des zweiten Gleises auf 80 Prozent der zweigleisigen Strecken.

Die UdSSR richtete die Sowjetische Militäradministration für Deutschland (SMAD) in Berlin-Karlshorst ein. Leiter der Transportabteilung wurde Generalmajor Kwaschnin, ein Spezialist aus dem Eisenbahnbau. Der Wiederaufbau der zerbombten und zuletzt noch von der Wehrmacht gesprengten Bahnanlagen diente, wie in den anderen Besatzungszonen auch, an erster Stelle dem Militärverkehr und danach dem Transport von Kohle, Baumaterial und Nahrungsmitteln. Neben den umfangreichen Demontagen von Gleismaterial und betriebswichtigen Werkstatteinrichtungen ging, teils mit Hilfe sowjetischer Eisenbahnpioniere, der Wiederaufbau der Bahnanlagen vor sich. Rund 18 Monate nach Kriegsende waren die wichtigsten Strecken und nach einem weiteren Jahr 80 Prozent der zerstörten Brücken wieder befahrbar sowie Fernmelde- und Signalanlagen repariert. Die komplette Beseitigung aller Kriegsschäden sollte sich aber bis in die 60er-Jahre hinziehen.

Nach einer Zählung gab die Hauptverwaltung der Deutschen Reichsbahn einen Dampflokbestand von 7.566 Einheiten mit Stand vom 31. Dezember 1946 bekannt, von denen 1.278 Stück so genannte Fremdlokomotiven waren. Weniger als die Hälfte war betriebsfähig. 1.245 Maschinen zählten zu den Kriegsloks der Baureihe 52. Neben preußischen, sächsischen und Einheitsbaureihen für Personen- und Güterverkehr befanden sich 70 Exemplare der Schnellzugbaureihe 01 und 79 Maschinen der Reihe 03 neben 75 ehemaligen Länderbahnschnellzugloks im Bestand, von denen insgesamt nur rund ein Viertel betriebsfähig waren.

Der Mangel an betriebsfähigen Dampflokomotiven wurde durch die Anweisung der SMAD vom 6. August 1945, 950 in einwandfreiem Zustand befindliche Maschinen der Baureihen 50, 52, 55, 56 und 57 zum Abtransport der Reparationsgüter bereit zu stellen, empfindlich verschärft. Schon innerhalb von vier (!) Tagen sollten die ersten 175 Lokomotiven zum Einsatz kommen. Bis Mitte September 1945 waren an Personal über 10.000 Eisenbahner in Brigaden mit je zwölf Mann zu stellen, die 30 »Kolonnen« bildeten. Erst 1954/55 endete diese für die betroffenen Reichsbahner in der DDR nervenaufreibende Episode, zu der auch die Transporte des in Aue abgebauten Uranerzes zählten. Die parallel eingeführten Kurier- und Militärreisezüge, mit Dampflokbaureihe 03 und teilweise 01 bespannt, verkehrten zwischen Brest und Potsdam sowie später Wünsdorf. Die als Lokkolonne 42 bezeichnete Berliner Dienststelle in Rummelsburg setzte anfangs auch Kriegsloks der Baureihe 42 ein. Mit der Anweisung vom 27. Februar 1946, die Fernreisezugwagen komfortabler auszustatten, außen blau zu streichen sowie mit dem Staatswappen der UdSSR und der Bezeichnung »Schlafwagen« zu versehen, wurde der »Blaue Expreß« geboren, der bis zum Abzug der Westgruppe der Roten Armee verkehrte.

Mit dem von der sowjetischen Militäradministration Ende März 1946 herausgegebenen Befehl, alle Einrichtungen des wieder laufenden elektrischen Betriebs sofort abzubauen, sahen sich die Verantwortlichen bei der Reichsbahn mit der Bereitstellung von Dampfloks als Traktionsersatz sowie der dafür erforderlichen Infrastruktur wie Wassertürme, Bekohlungseinrichtungen und Schlackengruben konfrontiert.

Erhebliche Probleme bereitete die Beschickung der Dampfloks mit Braunkohle. Der Heizwert von Briketts oder Rohkohle betrug nur 50 Prozent der – für die Reichsbahn nicht verfügbaren – Steinkohle. Aschkastenrückstände führten zu Lagerschäden, deren Behebung wiederum wegen des fehlenden Lagermetalls WM 80 zur Verwendung von Ersatzstoffen zwang, die ihrerseits Schäden hervorriefen. So konnte der Schadlokpark nicht, wie ursprünglich geplant, abgebaut werden. Da der lebensnotwendige Güterverkehr Vorrang hatte, musste für die wenigen Personenzüge ein Reisegenehmigungsverfahren eingeführt werden. Ab Mitte der 50er-Jahre war es möglich, aus Polen importierte Steinkohle beizumischen, was dem Tenderinhalt bei den schwer arbeitenden Heizern die Bezeichnung »Stalins letzte Rache« einbrachte. Sie ließen sich auch für ihre Rechtfertigung bei den aufgrund Dampfmangels unvermeidlichen Verspätungen etwas einfallen. Ein geplatzter Luftschlauch lag immer griffbereit. Damit konnten sie die Streichung ihrer Prämie vermeiden, die immerhin die Hälfte ihres Lohns ausmachte.

Die Demarkationslinie zwischen sowjetischer Besatzungszone einerseits und britischer sowie amerikanischer Besatzungszone andererseits unterbrach auch nicht demontierte Schienenstränge zwischen Hof und Ostsee. Ihr fielen 47 Verbindungen von der Kleinbahn bis zum Fernverkehr zum Opfer. Für die Belange der Westmächte blieb zunächst die Verbindung Hannover–Berlin in Betrieb. Das ab 4. November 1946 gültige Kursbuch für die sowjetische Besatzungszone weist als Fahrmöglichkeit für Deutsche mit Interzonenpass einen Wagen im Zugpaar FD 111/112 Berlin-Charlottenburg–Paris und umgekehrt aus. Fehlte die Genehmigung, so konnte die Reise nicht ohne Risiko nach Passieren der Zonengrenze vom nächsten DR-Bahnhof angetreten werden. Als die Reichsbahn noch den Bahnhof Ellrich im Reiseverkehr bediente, war der Weg in die britische Zone, die hinter der letzten Bahnhofsweiche begann, ein beliebter Übergang über die grüne Grenze. Nach dem Passieren eines Tunnels erreichte man nach

Die guten Erfahrungen mit den preußischen Wittfeld-Akkutriebwagen veranlassten die Deutsche Reichsbahn-Gesellschaft 1926, neue Fahrzeuge in Görlitz und Berlin entwickeln zu lassen. Die nach dem Krieg in der sowjetischen Besatzungszone verbliebenen fünf Einheiten behielten ihre ursprüngliche Nummer. Nicht lange nach dieser Aufnahme vom 30. August 1967 in Gotha hatte der AT 613/614 ausgedient. Eine Einheit blieb erhalten. *Foto: Otto Blaschke*

halbstündigem Fußmarsch den West-Zug im Bahnhof Walkenried.

Im Spätsommer 1947 verhandelten Vertreter der Reichsbahn der SBZ und des Vereinigten Wirtschaftsgebiets (Brit.-US-Zone) über die Öffnung weiterer Zonengrenzübergänge für den Reiseverkehr, die im Fall Schwanheide–Büchen zum Erfolg führten. Keine Einigung gab es bei Vienenburg–Schauen, Walkenried–Ellrich, Eichenberg–Arenshausen und Coburg–Eisfeld. Unterbrochen durch die Blockade Berlins bestand die Reisemöglichkeit über Schwanheide und Büchen dorthin auf Basis des Helmstedter Abkommens erst wieder nach Ende der Sperrmaßnahmen am 12. Mai 1949.

Die Deutsche Bundesbahn war erst drei Tage alt, als nach Verhandlungen ihrer Vorgängerin mit der Generaldirektion der Deutschen Reichsbahn in Berlin am 10. September 1949 weitere Zugverbindungen nach und von Berlin-Friedrichstr. eingerichtet wurden:

- FD 109/110 Köln–Berlin als zweite Verbindung neben
- FD 110/111 über Hannover–Helmstedt/Marienborn;

Grünanlagen und erste wiederaufgebaute Häuser umgeben den Dresdner Hauptbahnhof, den gerade eine Neubaulok der Reihe 23.10 der DR mit zahlreichen sächsischen Abteilwagen verlässt. Die Aufnahme entstand Mitte Juni 1965 aus der obersten Etage der Hochschule für Verkehrswesen »Friedrich List«.

- FD 63/64 und FDt 65/66 Hamburg-Altona–Berlin über Büchen/Schwanheide;
- FD 1/2 Frankfurt (Main)–Berlin über Bebra/Wartha;
- FD 149/150 München–Berlin über Ludwigstadt/Probstzella.

Für den Verkehr in die DDR wurden in den Folgejahren die Übergänge Hof/Gutenfürst und Wolfsburg/Oebisfelde geöffnet, sowie Lübeck/Herrnburg wegen des Gütertransits nach Skandinavien. Als Beispiel für die weitere Zunahme des Transitverkehrs sei die kürzeste Verbindung nach Berlin ab Hannover erwähnt, wo im Sommerfahrplan der Deutschen Reichsbahn für den internationalen Verkehr 1966 sechs zum Teil internationale D-Zugverbindungen geboten wurden.

Einer der formschönen Dieseltriebwagen aus der VT 137-Reihe der Deutschen Reichsbahn-Gesellschaft bringt im Juli 1967 bei Berlin Wannsee Eisenbahner zu ihren im damaligen Westberlin gelegenen Dienststellen. Der Fotograf hat das ungewöhnliche Bild aus der Deckung geschossen. Immerhin sollen sich sogar Westberliner Ordnungshüter für solches Tun interessiert haben.

Noch lange nicht ausgedient hatte die am 18. August 1966 in Neubrandenburg rangierende 56 744, eine preußische G 8.1 mit Laufachse. Daneben wartet am Bahnsteig 1 der abfahrbereite P 9158 nach Friedland mit der mächtigen 52 6144.

Foto: Otto Blaschke

Am 30. August 1967 begegnen sich in der ehemaligen Residenzstadt Gotha zwei preußische P 8 (BR 38.10-40), bei denen dem Betrachter unterschiedliche Veränderungen auffallen: links Wittebleche und Klarsichtscheiben mit dem gewohnten Garbe-Schornstein, rechts alte Windleitbleche und Professor Dr. Giesl-Gieslingens Flachejektor. *Foto: Otto Blaschke*

Anders als vielen ihrer in Ostpreußen stationierten Schwestern war es der um 1942 im Bahnbetriebswerk Insterburg beheimateten 38 2673 gelungen, sich soweit nach Westen abzusetzen, dass sie der Fotograf im Jahr 1966 von der am Berliner Ostbahnhof vorbeiführenden Straße aus aufnehmen konnte. Eine weitere Rarität im Bild ist der Obus, denn Oberleitungsomnibusse verkehrten in Ostberlin nur von 1951 bis 1973. Damit sollte der Bus die P 8 bei der DR um ein Jahr überleben. *Foto: Otto Blaschke*

Rechte Seite: Selten sind Farbaufnahmen der als zweite Kriegslok von der Deutschen Reichsbahn beschafften Baureihe 42. Die 1944 von der Wiener Lokomotivfabrik gebaute 42 1881 zeigt am 10. August 1966 in Frankfurt (Oder) Rangierbahnhof ihre wuchtige Frontpartie. Das Ende dieser Baureihe bei der DR kam 1968, acht Jahre nach den im Saarland am längsten gelaufenen und noch von der Deutschen Bundesbahn übernommenen Loks. *Foto: Otto Blaschke*

42 1881

Am selben Tag posierte 42 1881 neben 52 8117, der rekonstruierten Version einer Kriegslok der Baureihe 52. *Foto: Otto Blaschke*

Die von der Wiener Lokomotivfabrik abgelieferte 52 7227 ist mit dem ebenfalls von den Wienern konstruierten Steifrahmentender K 4 T 30 gekuppelt, der auch als »Floridsdorfer Tender« bekannt ist. Weitere Extras sind ein geschweißter Stehkessel und der 1968 eingebaute Giesl-Flachejektor. So zeigt sich die in Frankfurt/Oder beheimatete Repräsentantin der aus der Baureihe 50 hervorgegangenen ersten deutschen Kriegslok 1969 mit einem längeren Güterzug bei Frankfurt (Oder) Rosengarten.

Foto: Otto Blaschke

Über das Ende der Lok-Kolonnen und den Abtransport von Reparationsgütern 1954/55 hinaus wurden Militärreisezüge für die in der DDR stationierte Westgruppe der Sowjetmacht bis zu deren Abzug 1994 zunehmend mit den in Ammendorf gebauten russischen Weitstreckenwagen gefahren. Auf der bei Pillgram an der Strecke Frankfurt (Oder)–Berlin im Sommer 1973 gemachten Aufnahme ist die Hauptdarstellerin wieder die 03 028, nun als 03 2028 mit Mischvorwärmer und Witteblechen.

Foto: Otto Blaschke

Ein vorsichtiger Blick auf die am 12. August 1966 in Frankfurt (Oder) stehende 03 028, die im Gegensatz zu späteren Rekonstruktionen von Schwestermaschinen nur ihre großen Windleitbleche verlor. Zusammen mit der Baureihe 01 bestritt die 03 die Militärreise- und Kurierzugdienste für die Rote Armee. *Foto: Otto Blaschke*

Am 22. Juli 1967 steht die 1938 von Henschel & Sohn in Kassel an die Reichsbahn übergebene 01 226 im Bw Berlin Ostbahnhof, jetzt in Transitzugdiensten. Als Bestandteil der Lok-Kolonne 42 hatte die Maschine von 1948 bis 1955 den wegen seiner Wagenfarbe »Blauer Express« genannten Militärzug auf dem regelspurigen Abschnitt Berlin–Brest und zurück befördert.

Halt!

Mit diesem von der 65 1011 gezogenen Zug aus Plattformwagen, deren Laufeigenschaften ihnen den Spitznamen »Donnerbüchsen« eingebracht hatten, konnte von Blankenstein nach Triptis oder Saalfeld nur der Fahrgast reisen, der über eine Genehmigung zum Betreten des Grenzgebiets verfügte. Für die West-Schnüffler vom fränkischen Saaleufer gab es am 11. April 1971 eine Parole zu lesen, bei der Täter und Opfer verwechselt zu sein schienen. *Foto: Dieter Schlipf*

Linke Seite: Eine der zahlreichen durch die Grenzsperren der Sowjetzone unterbrochenen Reichsbahnstrecken führte von Selbitz über Marxgrün nach Lichtenberg (Oberfr) und weiter nach Blankenstein. Prellbock, Grenzschild und Zaun versperrten die Weiterfahrt nach Thüringen (März 1967).

Die am 11. Juli 1976 bei der Ausfahrt aus der Kontrollstelle Griebnitzsee bei Kohlhasenbrück aufgenommene Wittenberger 01 510 mit D 337 aus Hamburg bespannte auch rund zweieinhalb Monate später, am 25. September 1976, den letzten Zug nach Berlin Friedrichstraße, als die Wittenberger Elbbrücke wegen Schäden für die Baureihe 01.5 gesperrt wurde. Die Strecke links im Bild führt von Wannsee nach Drewitz/Michendorf/Seddin. *Foto: Otto Blaschke*

Am 16. Juni 1965 finden im Dresdner Hauptbahnhof Bauarbeiten unter der Aufsicht des Warnpostens statt. Vor der nach dem Krieg erbauten Hochschule für Verkehrswesen »Friedrich List«, wo der Nachwuchs an Eisenbahningenieuren für die Reichsbahn ausgebildet wird, steht die Dresdner 50 2349 mit zwei zum Wagenpool des Ostblocks (OPW) gehörenden, frisch überholten sowjetischen Güterwagen.

Im Mai 1966 kam die mit Rekokessel, Mischvorwärmer und Witteblechen ausgerüstete 41 137 der Deutschen Reichsbahn neben Altbau 01 und gelegentlich 03 sowie 01.5 im Reiseverkehr nach Helmstedt. Im dortigen Rundschuppen wartete die Universalkonstruktion ihren nächsten Einsatz ab. *Foto: Otto Blaschke*

Am 11. September 1975 steht die ebenfalls mit Hochleistungskessel ausgerüstete Oebisfelder 41 1162 am Bahnsteig in Magdeburg Hbf, dessen kriegszerstörte Halle nicht wieder aufgebaut worden ist. Durch die Ölknappheit Anfang der 80er-Jahre gehörten die kohlegefeuerten 41er der DR zu den am längsten eingesetzten Dampfloks. Erst 1988 stand das Signal für sie auf Halt. *Foto: Dieter Schlipf*

Nach Hamburg kamen Wittenberger 03 mit den Transitzügen aus Berlin, die fälschlicherweise auch als Interzonenzüge bezeichnet wurden, seit Ende des Winterfahrplans 1965/66 nicht mehr. Ab 1. Januar 1965 verlangte die DB die Ausrüstung der Loks mit Indusi. Am 20. Mai 1965 stand die generalreparierte 03 021 abfahrbereit vor dem D 163 nach Berlin. *Foto: Otto Blaschke*

1967 setzte die Deutsche Reichsbahn für die grenzüberschreitenden Reisezüge ausgerechnet zur Dampflokhochburg Hof die Diesellokbaureihe V 180 ein. Nur bei Güterzügen dampfte es noch, wie die Ostern 1967 im Bw Hof aufgenommene kohlegefeuerte 44 591 des Bw Reichenbach beweist. Die Umrüstung von 95 Maschinen auf Ölhauptfeuerung hat sie nicht mehr mitgemacht.

Weniger als eine Stunde Aufenthalt in Hof reichte den Lokführern der V 180 033 und V 180 026 zwischen Ankunft mit D 146 von Dresden und dem Gegenzug D 145 München–Dresden am Ostersonnabend, dem 25. März 1967, nicht zu einem Osterspaziergang. Der Zweiachser auf dem Sockel des gerade passierten Stellwerks trug noch die Inschrift: Vorsichtig rangieren!

Die Abfahrt des ab Lübeck Hbf von 23 1090 geführten D 161 Hamburg–Stralsund stand am 11. Juni 1966 um 9.16 Uhr unmittelbar bevor. Bescheidenen zehn Minuten Fahrt nach Herrnburg schloss sich ein Kontrollaufenthalt von 52 Minuten an. Nach längerer Schließung war der Grenzübergang 1960 wegen der kostengünstigen Route für den Güterverkehr nach und von Skandinavien mit der Fährverbindung Saßnitz–Trelleborg aufgrund intensiver Bemühungen der Schwedischen Staatsbahnen wieder aktiviert worden. *Foto: Otto Blaschke*

Bei den Verhandlungen über zusätzliche Grenzübergänge für Bahnreisende im Sommer 1947 war neben Büchen–Schwanheide, der noch im selben Jahr eröffnet wurde, auch Walkenried–Ellrich im Gespräch. Doch konnten hier mit wohl nur einer Ausnahme ausschließlich Güterzüge die Grenze passieren. Eine Bundesbahn 50 mit Kabinentender trifft mit ihrem Behälterwagenzug am 6. Mai 1976 gerade in Ellrich ein, während eine andere DB-Lok auf Ausfahrt wartet.

Die Reichsbahn im Sozialismus

Aktivisten und Dispatcher

Mit dem Befehl Nr. 8 der Sowjetischen Militäradministration (SMAD) vom 11. August 1945 ging der Eisenbahnbetrieb im Besatzungsgebiet der Roten Armee in deutsche Hände über. Das bedeutete eigentlich nur, dass für jede auf den Betrieb bezogene Maßnahme deutsche Eisenbahner zur Rechenschaft gezogen werden konnten. Im Gegensatz zur Namensänderung in Westdeutschland behielt die Staatsbahn in der sowjetischen Besatzungszone (SBZ) den Namen »Deutsche Reichsbahn«, um zu dokumentieren, dass die Alliierten ihr die Zuständigkeit für das gesamte Berliner Schienennetz einschließlich der Westsektoren übertragen hatte.

Die von Generalmajor Kwaschnin geleitete Eisenbahnabteilung bei der SMAD in Berlin-Karlshorst überwachte die mit 13 Prozent an den Gesamttransportleistungen der Ost-Reichsbahn veranschlagten Reparations- und Militärtransporte. Ende 1945 wurden die schon an anderer Stelle beschriebenen Kolonnen und Lokbrigaden gebildet. In den Knotenbahnhöfen der acht Reichsbahndirektionen sorgten sowjetische Transportkommandanten dafür, dass für ihre Züge stets eine Lok einsatzbereit war und der Betrieb bevorzugt lief.

Natürlich sollten an der Spitze der am 1. August 1945 der Deutschen Zentralverwaltung des Verkehrs angeschlossenen Hauptverwaltung der Deutschen Reichsbahn vor allem Mitglieder der Kommunistischen Partei stehen, die sich hundertprozentig für die Befolgung der Anordnungen aus Karlshorst einsetzten. Bei den technischen Laufbahnen war es schwieriger, die bisherigen Amtsinhaber, sofern sie politisch belastet waren, zu ersetzen. Dazu kam ein Personalengpass, der durch die Flucht leitender Fachkräfte in den Westen entstanden war.

Über den Weg der »Deutschen Wirtschaftskommission der sowjetischen Besatzungszone« von 1948, zu der auch die Generaldirektion Reichsbahn gehörte, wurde nach Gründung der Deutschen Demokratischen Republik am 7. Oktober 1949 das Ministerium für Verkehr gebildet. Am 10. Oktober 1949 übergab Generalmajor Kwaschnin im Auftrag des Chefs der SMAD, Armeegeneral Tschujkow, die Verwaltungshoheit auf dem Gebiet des Verkehrswesens an den Leiter des Ministeriums, Professor Dr. Ing. Reingruber.

Die Leitung der Bahn teilten sich der Generaldirektor, sein Stellvertreter, der kaufmännische und der Kulturdirektor. Anfang 1949 trat der gelernte Dreher aus Magdeburg, Willi Kreikemeyer, als Generaldirektor an die Spitze der Reichsbahn. Er und sein Amtsvorgänger Willi Besener fielen politischen Säuberungen zum Opfer. Nächster Generaldirektor wurde ab 1950 der Diplomingenieur Erwin Kramer, der von 1954 bis 1970 außerdem in Personalunion Minister für das Verkehrswesen war. Kramer war u.a. an der Konstruktion der Doppelstockwagen beteiligt. In seine Amtszeit fiel der Bau von Strecken, wie 1963 die acht Kilometer lange Umleitungsstrecke von Gerstungen über Förtha nach Eisenach, um die über den westdeutschen – wenn auch von Reichsbahnern besetzten – Bahnhof Herleshausen führende alte Verbindung zu vermeiden. Für

Die Deutsche Reichsbahn versäumte es nicht, ihre von den Alliierten übertragenen Rechte in ganz Berlin zu dokumentieren. Hier wird 1980 am Westberliner S-Bahnhof Bellevue kundgetan, wer auf dem Bahngelände das Sagen hat. Transportpolizisten durften aber beispielsweise auf dem Bahnhof Zoologischer Garten nur in Eisenbahneruniform mit Ärmelstreifen »Bahnpolizei« auftreten, was die ebenfalls anwesende Westberliner Polizei überwachte.

den Überseehandel trat Rostock an die Stelle von Hamburg. Von 1959 bis 1967 zogen sich der Ausbau der Zufuhrstrecke und der Bahnanlagen im Hafen hin.

Der Wiedereinbau demontierter zweiter Gleise ging mit den Jahren nur schleppend voran. Den Grund dafür bildeten die zu geringen Stahl-Zuteilungen, bei denen die Bahn erst an dritter Stelle nach der Industrie und den Streitkräften rangierte. Dagegen wurde am 10. Juli 1951 das bevorzugte »Jugendobjekt Berliner Außenring« durch Ministerpräsident Otto Grotewohl eingeweiht. Das politisch bedingte Projekt sollte die in Westberlin liegenden oder nur über dieses Gebiet erreichbaren Kopfbahnhöfe überflüssig machen. Am 18. Mai 1952 wurden Anhalter und Nordbahnhof, der frühere Stettiner Bahnhof, geschlossen. 1957 wurde die Umfahrung der Westsektoren vollendet.

In den 50er-Jahren nahm die Reichsbahn die internationalen Verbindungen in die sozialistischen Bruderländer nach Warschau, Prag, Budapest, Bukarest und Sofia wieder auf. So bedienten z.B. Fernschnelltriebwcgen ab 1957 als »Vindobona« sogar Wien über Prag, wobei sich die

Die von den Siegermächten mit dem Eisenbahnbetrieb in ganz Berlin einschließlich der S-Bahn beauftragten Reichsbahndienststellen behielten zur Wahrung ihrer Rechte die Bahnbezeichnung bei, während im Westen die Namensänderung in »Deutsche Bundesbahn« zur 1949 bevorstehenden Gründung der Bundesrepublik Deutschland der neuen Staatsform Rechnung trug.

beteiligten Bahnverwaltungen in der Fahrzeuggestellung abwechselten. Ab 1959 fuhren Triebwagenzüge als »Hungaria« nach Budapest, »Berolina« nach Warschau und »Karlex« nach Karlsbad. Ab 31. Mai 1964 wurde über die Fährverbindung Warnemünde–Gedser die dänische Hauptstadt Kopenhagen abwechselnd mit dem Schnelltriebwagen »Neptun« der DSB oder DR erreicht. Für die ab Berlin-Ostbahnhof, dem ehemaligen Schlesischen Bahnhof, verkehrenden Züge fuhren zum Teil Zubringer vom Westberliner Bahnhof Zoologischer Garten. Der Mauerbau am 13. August 1961 brachte in der Folge, nachdem die Flucht mit einem Reichsbahnzug von Albrechtshof nach Berlin-Spandau gelungen war, für Transitreisende aus der nördlichen Bundesrepublik den Umweg über Potsdam–Berlin-Wannsee und das Reiseende spätestens im Bahnhof Friedrichstraße, wo neben dem Grenzübertritt auch die unkontrollierte Weiterfahrt auf den Nord-Süd-Strecken von S- und U-Bahn möglich war.

Wurden zwischen den DDR-Übergangsbahnhöfen zur Bundesrepublik und nach Westberlin zunächst alle Reisende der Pass- und Zollkontrolle unterworfen, so konnte unter Otto Arndt, dem Stellvertreter und ab 1970 Nachfolger des Verkehrsministers und Reichsbahn-Generaldirektors Erwin Kramer, am 3. Juni 1972 das Transitabkommen abgeschlossen werden, das die Aktivität der DDR-Organe auf eine Personenkontrolle der Berlin-Reisenden beschränkte. Er war bis 1989 im Amt.

Unfähigkeit oder Unwillen der vier Siegermächte, sich auf gemeinsame Lösungen für Deutschland zu einigen, förderten die organisatorischen Alleingänge der einzelnen Besatzungszonen. Die SED war angetreten, ganz Deutschland vom Kapitalismus zu befreien. Sie ließ keine Gelegenheit aus, die Reichsbahnführung zu ermahnen, künftig effizienter zu arbeiten. An die in der Sowjetunion praktizierten Stachanow-Methoden der Plan-Übererfüllung und Normenerhöhung erinnerten die Bemühungen der Partei, mit Hilfe von SED-Betriebsgruppen die Bahnbediensteten mit dem Geist des sozialistischen Aktivismus zu durchdringen: »Die alten und jungen Aktivisten der Eisenbahn werden die dreißigprozentige Mehrleistung schaffen. Fachmännischen

Betriebseisenbahner der in Glashütte an der Müglitz kreuzenden Züge und ein wegen der vorhandenen Fotogenehmigung freundlicher Transportpolizist haben sich im Juni 1965 zu einer »Reichsbahn-Uniformschau« versammelt. Ob der Zivilist vielleicht auch eine staatstragende Funktion hat?

Traditionen zum Trotz durchbrechen sie alle aufgestellten Normen, denn wir wollen heraus aus der Enge und Not, mit eigener Kraft in ein Leben in Frieden und Wohlstand.«
Solche Appelle konnten dazu führen, dass Lokführer größere Lasten fuhren, als es die Konstruktion ihrer Maschine zuließ. Oder dass Eisenbahner rollendes Material auch im nicht betriebssicheren Zustand einsetzten oder überbelasteten. Die am 10. Juni 1945 von den Sowjets wiedergegründeten Gewerkschaften waren gleichgeschaltet und damit wehrlos. Als sich das Führungskader der IG Eisenbahn im Freien Deutschen Gewerkschaftsbund für die Beibehaltung des Beamtenstatus einsetzte, wurde es abgelöst. Damit war der Weg zur Abschaffung der Reichsbahnbeamten 1949 frei!
Das von der Sowjetischen Militäradministration praktizierte Dispatcher-System, bei der sich die Eisenbahnabteilung auf die täglichen Wagenmeldungen einstellte und Fahrpläne veränderte, funktionierte, weil die Anweisungen der Besatzungsmacht absolute Priorität hatten. Die Einführung dieses Systems 1954/55 bei der Reichsbahn – von der Hauptdispatcherleitung über die Direktionen bis zu den einzelnen

38 308

Mit zwei- und dreiteiligen Schnelltriebwagen aus der Vorkriegszeit wurden teilweise internationale Verbindungen wieder hergestellt, einschließlich Österreich und Hamburg, für die DDR kapitalistisches Ausland. Nach Auslieferung des vom VEB Waggonbau Görlitz entwickelten VT 18 mit sieben Einheiten 1965 und zunehmendem Einsatz von lokbespannten Zügen wanderten die Altfahrzeuge in den Binnenverkehr ab. Am 18. Juli 1967 hält eine Kombination aus zweiteiligen Triebwagen der Bauarten »Ruhr« und »Hamburg« am Fernbahnsteig Berlin Karlshorst in Richtung Frankfurt/Oder.

Die 38 308, sächsischer »Rollwagen« genannt, war ab 1970 die letzte aktive Vertreterin dieser beliebten Konstruktion der Sächsischen Maschinenfabrik vorm. Rich. Hartmann Aktiengesellschaft, Chemnitz. Sie durfte 1971 beim internationalen Ereignis, dem MOROP-Kongress in Dresden, einen Sonderzug ziehen, dem die Aufsicht in Königstein gerade den Abfahrauftrag erteilt. *Foto: Karlheinz Brust*

Zwischen dem 25. Juni und dem 11. September 1976 verkehrte der sonst nur Rostock mit Dresden verbindende D 925 »Metropol« als D 1275 bis nach Budapest. In Berlin Ostbahnhof stellte 106 080 am 12. Juli 1976 den mit ungarischen Schlafwagen verstärkten Zug bereit.

Bahnhöfen – verschaffte mit der ständigen Registrierung des Zug-, Lok- und Wagenlaufs der Leitung sowohl einen aktuellen Überblick über die Betriebs- und Verkehrslage als auch eine Leistungskontrolle. Das Recht des örtlichen Dispatchers, bei Verkehrsstörungen dem Betriebsdienst Anweisungen zu erteilen, sollte ohne zusätzlichen Kapital- und Materialeinsatz aus den geringen Leistungsreserven vor Ort das bestmögliche machen. Tatsächlich wurden positive Resultate bei Pünktlichkeit und Transportzeit erreicht, sodass die steigenden Anforderungen das Dispatchersystem bis zum Ende der DDR erhielten.

Ein weiterer Weg zur Erreichung der Planziele durch optimale Ausnutzung des Güterwagenparks war die Feststellung des Transportbedarfs bis zum Abschluss längerfristiger Transportverträge mit der Wirtschaft, um die ausreichende Gestellung geeigneter Wagen zu sichern. Der Mangel an Werkstoffen zur Wagenausbesserung und die schon erwähnten zu niedrigen Stahlzuteilungen führten zu Verzögerungen beim Wiedereinsatz von rollendem Material und Erledigung von Reparaturen am Schienenweg. In neuerer Zeit verursachten Betonschwellen von minderer Qualität durch

Am 15. September 1977 überquerte 01 2114 mit D 378, der den nicht minder klangvollen Namen »Istropolitan« trug, die Dresdner Marienbrücke zwischen Hauptbahnhof und Bahnhof Neustadt auf der Fahrt von Bratislava nach Berlin. Zu dieser Zeit konnte der Kundige am Pflegezustand der Schnellzuglok erkennen, ob es eine Berliner oder Dresdner Maschine war. An der Elbe tat man etwas mehr für das Erscheinungsbild der Lokomotiven.

Bruch oder Zerbröseln kilometerlange Langsamfahrstellen oder sogar Streckensperrungen.

Diese Probleme brachten der Deutschen Reichsbahn vor allem im Fernverkehr den Ruf ein, zu den langsamsten Eisenbahnen Europas zu gehören. Darüber darf aber nicht versäumt werden, den Eisenbahnern für ihren Einsatz nicht nur bei Sonderveranstaltungen wie internationale Jugendspartakiaden, Leipziger Messe und internationale Gartenbauausstellung in Erfurt sondern auch im normalen Feiertags- und Urlaubsverkehr höchste Anerkennung zu zollen. Neben den Urlaubern beförderte die Reichsbahn auch rund 50 Prozent der Geschäftsreisenden im Binnenverkehr der DDR.

Der Fährhafen Saßnitz – früher Mukran – hat ab Januar 1998 die Aufgaben der stadtnahen, über eine steile Rampe vom Personenbahnhof zu erreichenden Anlagen übernommen. Der Blick von 1966 schweift über eine ziemlich menschen- und fahrzeugleere Landestelle, bei der nur die links rangierende preußische Tenderlok T 16.1 (BR 94.5-17) Herzklopfen hervorruft.

Am 19. August 1966 trifft D 15 von Berlin Lichtenberg mit Lok 03 1088 um 17.22 Uhr in Stralsund ein. Der Zug führt einen ehemaligen, zum Speisewagen umgebauten Wagen der Internationalen Schlafwagengesellschaft (ISG). *Foto: Otto Blaschke*

Planmäßig ist am 19. August 1966 um 17.06 Uhr der D 129 »Saßnitz-Expreß« in Stralsund eingetroffen, der am Vortag um 21.47 Uhr in München Hbf abgefahren war. Da die Weiterfahrt nach Stockholm C noch eine Nacht in Anspruch nimmt, ist der schwedische Schlafwagen sehr willkommen. Für den Schlaftrunk im Mitropa-Speisewagen reicht es noch bis Saßnitz-Hafen. *Foto: Otto Blaschke*

In lockerer Haltung gibt der Aufsichtsbeamte des Rostocker Hauptbahnhofs am 23. August 1966 um 12.32 Uhr den Abfahrauftrag für Ex 21 »Neptun« nach Warnemünde zur Seereise nach Gedser mit der dänischen Hauptstadt Kopenhagen als Ziel.
Foto: Otto Blaschke

Auch die Deutsche Post nutzte die Eisenbahn. Am 12. Juli 1976 rangiert eine vierachsige 106, die frühere V 60.10, Postwagen in Berlin Ostbahnhof. *Foto: Otto Blaschke*

Wer fährt, auch wenn es ein Elektrokarren ist, darf sich natürlich keinen Schluck Alkohol genehmigen. Vielleicht hat diesen Reichsbahner ja getröstet, dass die Fotografen davon Notiz nahmen, dass er ja die Gleise nicht überschritt, sondern in amtlicher Funktion überfuhr, was die Nichtbeachtung des Schildes legalisierte.

Linke Seite: Am 4. Mai 1978, dem Himmelfahrtstag, wurde in der DDR offiziell gearbeitet. Die wenigen Fähnchen im Hintergrund hingen noch vom »Internationalen Kampf- und Feiertag der Werktätigen«, dem 1. Mai. Es blieb aber nicht verborgen, dass der mit der bulligen 95 0004 bespannte P 18003 nach Sonneberg, der gerade Saalfeld verließ, ein paar »Vatertagsgeschädigte« an Bord hatte.

Wie bei der Deutschen Bundesbahn gab es am 19. August 1966 auch in allen Ecken des Reichsbahnnetzes noch die unverwüstliche P 8. Ob die originale 38 1586 mit ihren neu aufgebauten Zwei- und Dreiachsern nun von Saßnitz oder sonst woher kam – bei der von der Abendsonne beleuchteten Einfahrt in Stralsund drückte der Finger wie von selbst auf den Auslöser.

Rund 14 Jahre später herrschte auch in Stralsund allenthalben die Dieseltraktion: Am 14. Mai 1980 warten im Hauptbahnhof der alten Hansestadt eine 120 005 uns eine Maschine der Baureihe 132 auf ihren nächsten Einsatz.

Glück hatte der Fotograf, als er am 23. Mai 1976 einen Güterzug mit einer G 12 (BR 58) auf der Steinbogenbrücke über die Mulde kurz vor Schlema unter dem Motto »Natur und Bergbau« ablichtete. *Foto: Dieter Schlipf*

Wirtschaftliche Engpässe und ausgedehnte Entwicklungszeiten für die Triebfahrzeugablösung bescherten den Eisenbahnfreunden Begegnungen mit im Westen lange in den Hochofen gewanderten Raritäten. In Saalfeld bietet die auf Ölhauptfeuerung umgerüstete 95 0014, eine preußische T 20, am 4. Mai 1978 ein herrliches Motiv mit zur herrschenden Doktrin passendem Hintergrund.

Eines der ersten Einsatzgebiete der von 1928 bis 1943 gebauten 774 Tendermaschinen der Baureihe 86 war das Erzgebirge. Und dort, auf der kurzen Strecke Schlettau–Crottendorf, beendete sie auch erst 1988 ihren Dienst. Am paroleverzierten Rathaus von Crottendorf vorbei bringt die 86 1608 am 28. Mai 1976 ihren werktäglichen P 19642 nach Schlettau. *Foto: Dieter Schlipf*

Da hat 86 1245 am 27. Juli 1976 um 16.24 Uhr einen richtig vollen Zug nach Blauenthal gebracht, den montags bis freitags von Aue verkehrenden P 17622. Bis zur Flutung der Eibenstock-Talsperre 1975 führte die Strecke weiter über Schönheide-Süd nach Adorf. Erst 1996/97 verschwand das Reststück ab Aue von der Kursbuchkarte. *Foto: Dieter Schlipf*

Neue Loks und Züge

Vom Neubau zur Rekonstruktion

Schon Ende 1945 beauftragte die Verwaltung der Deutschen Reichsbahn in der sowjetischen Besatzungszone den bekannten Lokomotivbauer Borsig mit der Konstruktion einer Dampflok mit der Achsfolge 1-D, die universell im Güter- und Reisezugdienst Verwendung finden sollte. Doch die – mittlerweile in die Deutsche Zentralverwaltung des Verkehrs eingegliederte – Deutsche Reichsbahn konnte trotz des großen Bedarfs bei der sowjetischen Militäradministration keine Einwilligung zur Erstellung von Baumustern erreichen, zumal das Potsdamer Abkommen der Siegermächte Deutschland den Bau von Lokomotiven untersagte.

Nach Aufhebung des Produktionsverbots im Jahr 1949 erteilte die Reichsbahn Bauaufträge für die oben erwähnte Universallok. Neben der bekannten Rostfeuerung sollte eine Maschine eine mechanische Rostbeschickung (Stoker) und eine weitere eine Kohlenstaubfeuerung erhalten. Aufkommende Meinungsverschiedenheiten über die Einsatzgebiete und darauf zugeschnittene Loktypen verzögerten die Entwicklung der Baumuster wiederholt. Schließlich wurden nur die beiden letztgenannten Versionen als Baureihe 25 und 25.10 im Sommer 1954 in Betrieb gesetzt, als die 1-E-1 gekuppelten Schmalspurneubauloks für 750 mm der Baureihe 99.77-79 schon zwei Jahre im Einsatz waren. Zwar gab die Übernahme der Klein- und Privatbahnen in der SBZ am 1. April 1949 durch die Reichsbahn etwas mehr Bewegungsspielraum, aber dafür eine Unzahl meist von Tenderloks, die die Ersatzteilbeschaffung zu einem kaum zu bewältigenden Problem machten.

Als logische Folge wurden 1951 die Entwicklungsarbeiten für eine leistungsfähige Tenderlok für den Nebenbahnbetrieb gestartet, aus denen die späteren Baureihen 65.10 und 83.10 mit der Achsfolge 1-D-2 hervorgingen. Für den Bereich Reise- und Güterzugschlepptenderloks entstanden die Baureihen 23.10 und 50.40, abgeleitet aus der Vorkriegskonstruktion Baureihe 50 der alten Deutschen Reichsbahn. Die aufgeführten Neubauloks wurden zwischen 1954 und 1960 in Betrieb gesetzt. Nur 27 Einheiten entstanden von der Baureihe 83.10, je 88 von den Reihen 50.40 und 65.10 und 113 Exemplare von der 23.10, die sich als die gelungenste der Nachkriegsdampflokkonstruktionen in der DDR erweisen sollte. Wie die Stückzahlen zeigen, hatte die staatliche Plankommission nur geringe Kapazitäten zum Bau neuer Dampfloks in den noch arbeitenden Betrieben VEB Lokomotivbau »Karl Marx« Babelsberg (LKM, früher Orenstein & Koppel) und VEB Lokomotivbau-Elektrotechnische Werke »Hans Beimler« Hennigsdorf (LEW, früher AEG-Borsig) zur Verfügung gestellt.

Die ausschließlich vorhandene Braunkohle zwang die Reichsbahn, vor allem neuere Dampflokomotiven für eine bessere Brennstoffausnutzung umzurüsten. Nach Umbau von 15 Loks der Reihe 17.10 (ex pr. S 10.1) und immerhin 42 Exemplaren der Reihe 58.10-21 (ex pr. G 12) rüstete man von 1951 bis 1957 im Reichsbahnausbesserungswerk (Raw) Meiningen 22 schwere Güterzuglokomotiven der

Baureihe 44 auf Kohlenstaubfeuerung um. Außerdem erhielten 29 Maschinen der Baureihe 52 in den Jahren 1953/54 und 1957/58 Kohlenstaubfeuerung des Systems Wendler vom Raw Stendal eingebaut. Die umgerüsteten Tender steuerten die Raw Berlin-Tempelhof, Brandenburg, Zwickau und Meiningen bei.

Ein weiteres Problem ergab sich bei den Kesseln einiger Dampflokbaureihen: Der seit 1938 verwendete Kesselbaustahl St 47 K hatte zwar eine größere Festigkeit, doch stellte sich nachträglich heraus, dass er im Gegensatz zu den zuvor verwendeten Stahlsorten nicht alterungsbeständig war. Um diese Kessel zu ersetzen, startete die Deutsche Reichsbahn 1957 ein umfangreiches Rekonstruktionsprogramm, das neue geschweißte Kessel mit Verbrennungskammer, Mischvorwärmer und einem für Braunkohle geeigneten Rost umfasste. Als erste wurde die mit 335 Maschinen in Mitteldeutschland verbliebene Güterzuglok der Baureihe 50 vom Raw Stendal umgebaut. Von 1957 bis 1962 wurden 208 Loks zur neuen Baureihe 50.35. Neben 16 Maschinen der Baureihe 03.10 folgten von 1960 bis 1966 vom Raw Stendal 200 Loks der Kriegsbaureihe 52, nun als 52.80 bezeichnet. In Chemnitz, damals Karl-Marx-Stadt, und Zwickau erhielten 1961/62 insgesamt 80 Exemplare der Baureihe 41 einen Reko-Kessel.

Als Krönung des Reko-Programms der Deutschen Reichsbahn darf sicherlich die vom Raw Meiningen auch äußerlich umgestaltete Baureihe 01.5 angesehen werden, von der 35 Einheiten zwischen 1960 und 1965 abgeliefert wurden. Ab 01 519 wurde gleich eine Ölhauptfeuerung eingebaut, mit der man neben elf Exemplaren der imposanten Schnellzuglok auch die 16 Pazifiks der Reihe 03.10 sowie 95 Loks der schweren Güterzugbaureihe 44 und 72 Maschinen der leichteren Reihe 50.35 (neu: 50.50) nachrüstete.

Die Baureihe 22 entstand ebenfalls im Rahmen des Rekonstruktionsprogramms, wobei hier nicht der Kesselstahl der Auslöser war, sondern das Alter der Umbaukandidaten. Handelte es sich doch um die letzte preußische Lokomotiventwicklung, die 1919 auf dem Reißbrett entstand und zwei Jahre später als Baureihe 39 auf den Gleisen der noch

Ende der 70er-Jahre wurden zunehmend Studienreisen für Bahnliebhaber in die DDR angeboten, sogar vom staatseigenen Reisebüro. Am 5. Mai 1978 benutzten Reiseteilnehmer ab Altenburg den P 15628 nach Zeitz. Die Planlok 65 1024 wurde der Sonderzugmaschine 58 3003 vom Bw Glauchau vorgespannt. Der Zug hielt in Meuselwitz 16 Minuten! Nach der Regionalisierung 1996 wurde die Strecke zum Zankapfel zwischen Thüringen und Sachsen-Anhalt. Bis zur Stilllegung am 28. September 2002 wurde der Abschnitt Zeitz–Meuselwitz noch bedient.

jungen Deutschen Reichsbahn-Gesellschaft erschien. Die vom Werk Meiningen ab 1958 rekonstruierten 85 Exemplare der Baureihe 22 gaben nach nur relativ kurzer Einsatzzeit ihre geschweißten Hochleistungskessel an die Schnellzugbaureihe 03 ab.

Noch eine ehemals preußische Lokbaureihe – ab 1963 in 56 Einheiten mit Reko-Kesseln und Wittewindleitblechen ausgerüstet – überlebte ihre Ursprungsversion 58.10-21 (G 12) etwas mehr als 15 Jahre – die Baureihe 58.30. Eine bescheidene aber auffällige Veränderung erfuhren ab Mitte der 60er-Jahre über 500 Dampfloks der Baureihen 38, 50, 52 und 65 mit dem Einbau des kohlesparenden Giesl-Ejektors anstelle des Rundschornsteins.

Nach Rückkehr von elektrischen Lokomotiven und der dazugehörigen Ausrüstung aus der Sowjetunion gegen die Lieferung neuer Reisezugwagen begann 1952 die Instandsetzung des früher elektrisch befahrenen mitteldeutschen Netzes. 1955 konnte die Strecke Halle–Köthen wieder für den elektrischen Betrieb eröffnet werden. Der Lokomotivbestand in stückzahlmäßiger Reihenfolge: E 44, E 94, E 04, E 77, E 18, E 95 und einige Einzelexemplare, die oft nur noch Schrottwert hatten. Mit 1946 in Dessau zurückgebliebenen Teilen wurden einige E-Loks wieder zum Laufen gebracht. Die Reichsbahnführung hatte zeitweilig überlegt, wegen der einfacheren Materialbeschaffung das Stromsystem eines sozialistischen Bruderlandes zu übernehmen. Mit dem Argument, dass die aus der UdSSR zurück geführten Fahrzeuge und Ausrüstungen des alten 16 2/3 Hz 15 kV Systems nicht nur wertvoll, sondern auch den Bahnstromtechnikern bekannt sind, konnten die Fachleute die Weichen für einen damals nicht vorhersehbaren Zusammenschluss der beiden deutschen Netze stellen.

Bis Ende 1965 war das Wechselstromnetz wieder auf 575 km angewachsen, wobei die Vorkriegsloks sich den Betrieb mit den ab 1960 aus Hennigsdorf gelieferten E 11 und E 42 teilten. Doch das ehrgeizige Ziel, bis 1977 auf rund 4.000 km – etwa der Hälfte der Hauptbahnen in der DDR – elektrisch zu fahren, wurde durch den Schwenk des Politbüros der Sozialistischen Einheitspartei Deutschlands (SED) nicht erreicht: Aufgrund von Lieferzusagen für sowjetisches Erdöl entschied man sich für eine zügige Traktionsumstellung auf Dieselbetrieb.

Den 1959 ausgelieferten ersten Exemplaren der Rangierloks V 15 und V 60 folgte 1960 die erste Großdiesellok V 180 aus Babelsberg. Die 1964 auf der Leipziger Herbstmesse vorgestellte V 100 wurde ab 1967 in Dienst gestellt. 1965 wartete man in Leipzig mit einem Exemplar der V 180 mit zwei 1.200 PS leistenden Motoren als V 240 auf, das nicht mehr in Serie gehen konnte, weil das Ministerium für Schwermaschinenbau im Rahmen der Beschlüsse des Rats für gegenseitige Wirtschaftshilfe (RGW) in den sozialistischen Ländern den Bau von Lokomotiven über 2.000 PS stoppte. Die Sowjetunion belieferte schon 1966 die Reichsbahn mit der schweren V 200 (ab 1970 als 120 eingereiht), wegen ihres Motorengeräusches »Taigatrommel« genannt. Das Lokomotivwerk in Lugansk fertigte ab 1970 die noch stärkere V 300 (später 132), etwas freundlicher als »Ludmilla« tituliert.

Für Strecken mit schwächerem Oberbau waren die russischen Dieselloks zu schwer. Deshalb wurde bei der rumänischen Lokfabrik »23. August« in Bukarest eine 120 km/h schnelle Diesellok mit hydraulischer Kraftübertragung und elektrischer Zugheizeinrichtung bestellt. Das Baumuster 119 001 traf im Sommer 1976 bei der Reichsbahn ein und sorgte von der Abnahmefahrt an durch zahllose Pannen für Ärger, der sich wegen immer wieder auftretender Qualitätsmängel bei den Serienfahrzeugen zum permanenten Schrecken für Lokführer und -schlosser entwickelte. Zeitweise war fast der halbe Bestand nicht einsatzfähig.

Nach der Aufarbeitung von Güterwagen und Instandsetzung von Reisezugwagen wurden ab 1957 zwei- und dreiachsige Personenwagen mit neuen Aufbauten versehen, wie schon vier Jahre zuvor bei der Deutschen Bundesbahn durchgeführt. Die erste Neuentwicklung im Waggonbau

Die Anbringung der computergerechten Nummer an der Lokomotive geschah mit unterschiedlich gestalteten Schildern, teils auch nur gemalt. Wie auf dem vorherigen Bild zu sehen, trug 1978 die 65 1024 an der Rauchkammertür eine Luxusausführung des Lokschilds mit weißem Rand, während die Führerhausseitenwände bescheidener ausgestattet waren.

nach dem Kriege in der DDR war 1954/55 in Dienst gestellt worden: ein vierachsiger Schürzenwagen 3. Klasse mit zusätzlichem Mitteleinstieg. Etwa zur gleichen Zeit begann die Beschaffung von Doppelstock-Einheiten mit der charakteristischen weißen Aufschrift »Deutsche Reichsbahn«. Ab 1961 entstanden die so genannten »Modernisierungswagen« aus altem Schnellzugwagenmaterial; sie waren international einsetzbar. 1964 nahm die Reichsbahn den Neuaufbau von Wagenkästen auf den Fahrgestellen vierachsiger Länderbahnabteilwagen in Angriff. Vorzugsweise für den Nahverkehr gedacht, waren sie wegen der Höchstgeschwindigkeit von 120 km/h auch in kurzen D- und Eilzugverbindungen anzutreffen.

Bereits 1962 leitete ein vierachsiger 24,5 m-Sitzwagen, gebaut nach den Vereinheitlichungsrichtlinien der OSShD (Organisation der Eisenbahnverwaltungen der Sozialistischen Länder), einen neuen Abschnitt im DDR-Schienenfahrzeugbau ein. In derselben Form entstanden Schlaf- und Speisewagen für die Mitropa sowie rollendes Material für andere OSShD-Bahnen. Der erste, nach UIC-Norm gebaute 26,4 m-Sitzwagen der Deutschen Reichsbahn war der mit zwei Mitteleinstiegen versehene »Halberstädter« von 1978.

Ein zweiachsiger Diesel-Triebwagen in Leichtbauweise für den Nebenbahndienst stellte der VEB Waggonbau Bautzen 1957 als Baumuster vor. Die Indienststellung von knapp 160 Einheiten zog sich bis 1969 hin. Erheblich bedeutender als der sehr bescheidene Bestand von zwei Elektrotriebzügen und einigen Akkutriebwagen war die Flotte teils aufgearbeiteter, teils Ende 1958 von der Deutschen Bundesbahn übernommener Schnelltriebwagen aus der Vorkriegszeit. Ab 1954 verstärkten drei vierteilige Garnituren der Baureihe 12.14 von Ganz in Budapest die Triebwagenflotte für den Fernverkehr. Schließlich bewies der VEB Waggonbau Görlitz seine technischen und gestalterischen Fähigkeiten 1963 mit seinem Beitrag zum deutschen Triebwagenbau in Form des VT 18.16, von dem der Betrieb acht Einheiten bis 1965 lieferte. Weit nach Ende der Deutschen Reichsbahn rollt das letzte Exemplar 2003 auf das Abstellgleis der Deutschen Bahn AG.

Einen wuchtigen Eindruck machte die Baureihe 65.10 auch von der Tenderseite her. Im Sommer 1970 steht 65 1060 vor einem Arbeitszug in Ilmenau im damaligen Bezirk Suhl. Neben einer Reihe preußischer Tenderloktypen sollte sie auch die DRG-Baureihe 86 ersetzen. Letztere überlebte die Neubaudampflok aber um neun Jahre. *Foto: Christian Etzweiler*

Ähnlichkeiten aber auch deutliche Unterschiede bei Front, Mischvorwärmer und Schornstein zeichnen die beiden Neubautenderloks der Deutschen Reichsbahn aus, die im Sommer 1970 in Rottenbach in Thüringen nebeneinander standen. Nur am Nachmittag trafen sich werktags fahrplanmäßig P 1311 nach Sömmerda mit 65 1031 vom Bw Arnstadt mit der nur zwei Stirnlampen aufweisenden Saalfelder 83 1008 vor P 2990 nach Katzhütte. Anfang 1972 waren von fünf im Bw Saalfeld beheimateten 83 vier abgestellt. *Foto: Christian Etzweiler*

Es ist noch zu früh für den Feierabend. Nur wenige Werktätige verlassen am 5. Mai 1978 in der Skatstadt Altenburg in Thüringen den von der Neubaudampflok 65 1024 gezogenen P 9075 aus Gera.

Foto: Otto Blaschke

Von Mecklenburg-Vorpommern bis Sachsen war die zwischen 1956 und 1958 in 111 Exemplaren bei LKM Babelsberg gebaute 23.10 (ab 1970 BR 35) im Einsatz. Der vollständig geschweißte Kessel mit Verbrennungskammer machte auch aus der vorhandenen Braunkohle das beste. Am 18. August 1966 hat 23 1033, die den D 11 Berlin–Putbus nach Neubrandenburg gebracht hatte, zum Wasserfassen abgehängt.

Eine Neukonstruktion für den Güterverkehr manifestierte sich in der mit Baumusterauslieferung 1956 bis 1960 in 88 Einheiten gelieferten 50.40, deren Kesselkonstruktion der von Baureihe 23.10 entsprach. Am 1. Mai 1967 nahm sich das entgegenkommende Personal der 50 4042 nach Abfahrt der hier schon mächtig qualmenden, mit D 163 behängten Wittenberger 03 042 aus Büchen nach Berlin die Zeit, ihr für Westkameras seltenes Stück in die rechte Fotoposition zu fahren. Wie so oft, bewährte sich die Zigarettenwährung. Der 03-Einsatz dürfte eine Ausnahme gewesen sein, denn planmäßig kam diese Baureihe seit einem Jahr nicht mehr nach Hamburg.

Am 5. September 1970 hat 35 1101 vom Bw Leipzig-Süd auf Gleis 18 des Leipziger Hauptbahnhofs keinen Güterzug am Haken, sondern vermutlich Expressgutwagen. Bis vor kurzem stand an der Lok noch 23 1101 angeschrieben. Die Verdieselung in Form der Baureihen 118 und später 132 hat bis 1977 dieser gefälligen Lokbaureihe das Aus gebracht.

Bis zur Ölverknappung Anfang der 80er-Jahre war Saalfeld eine Hochburg der ölgefeuerten Lokomotiven, wozu auch ein stattlicher Bestand von der Baureihe 44, Jumbo genannt, zählte. Sicher hat sich ein Exemplar der Kohlenstaubversion wie die 44 9481 nur selten hier gezeigt. Auf der Fahrt ins Bw passiert die Lok am 1. Juni 1973 die Brücke, die wegen der sich dort in den letzten Dampfjahren tummelnden Eisenbahnfotografen von den Lokpersonalen geringschätzig als »Affenfelsen« tituliert wurde.

Foto: Karlheinz Brust

Mit einem Nahgüterzug fährt die in den 60er-Jahren auf Ölhauptfeuerung umgebaute 44 0196 am 4. Mai 1978 aus Richtung Unterwellenborn in Saalfeld ein. Fotostandpunkt ist der gerade erwähnte »Affenfelsen«, die Straßenbrücke am Nordkopf des Bahnhofs Saalfeld.

Je unbekannter der Ortsname, desto besser die Chancen für ein ungestörtes Foto. So gelangte am 8. September 1975 in Calau in der Niederlausitz eine weitere Kohlenstaubmaschine, die 52 9594, auf den Film. 29 Loks erhielten im Verlauf der 50er-Jahre den Brenner im Reichsbahnausbesserungswerk Stendal eingebaut, während mehrere Raw die Tender beisteuerten. *Foto: Dieter Schlipf*

Gut zu Gesicht steht der Einheitsbaureihe 50 die Rekonstruktion zur Baureihe 50.35. Fast ein Drittel des in Mitteldeutschland verbliebenen Bestands erhielt den neuen Kessel mit Verbrennungskammer und dem unverwechselbaren Kennzeichen des eckigen Mischvorwärmerkastens. Zum Teil kam nech der Giesl-Ejektor hinzu. Am 13. Juli 1976 werden im Bw Halberstadt bei 50 3556 die Lager geölt. Links und rechts lässt sich die Dieselkonkurrenz blicken.

Von den 19 bei der Reichsbahn verbliebenen Schnellzugloks der Baureihe 03.10 wurden 16 in das Umbauprogramm mit Ölhauptfeuerung einbezogen. Die am 22. Juli 1967 im Bw Berlin Ostbahnhof stehende 03 1057 behielt ihren Kohletender und wurde nach 1972 abgestellt.

Als dritte Baureihe, die noch in großen Stückzahlen vorhanden war, erhielten 200 Loks der Reihe 52 im Rahmen des Rekonstruktionsprogramms einen Neubaukessel. Das Ergebnis war die Baureihe 52.80. Auch diese, von 1960 bis 1966 durchgeführte Umbaumaßnahme erfolgte im Raw Stendal. So schön wie vom Modellbahnhersteller präsentierte sich die herausgeputzte 52 8031 – 1943 von Krauss-Maffei als 52 3550 geliefert – am 10. August 1966 in Frankfurt (Oder) Rangierbahnhof.

Foto: Otto Blaschke

Ebenfalls mit Mischvorwärmer und Flachschornstein, doch ansonsten noch weitgehend im Ablieferungszustand mit Wannentender, präsentierte sich 52 2743 des Bw Zittau im Jahr 1976.

Linke Seite: Wer sich wundert, dass die im August 1973 bei Frankfurt (Oder) Rosengarten mit ihrem Güterzug vorbei fahrende 52 5030 trotz entsprechenden Aussehens keine 8000-Nummer trägt, sei erklärt, dass der Mischvorwärmer im Rahmen einer so genannten Generalreparatur ab 1962 eingebaut worden ist. Diese Reparaturvariante wurde durchgeführt, wenn der Umfang der Instandhaltungsarbeiten den von der Dienstvorschrift 946 für die Stufe L 4 vorgegebenen Rahmen überstieg. Die Unterscheidung betraf nur die Kostenzuordnung. *Foto: Otto Blaschke*

Bei den ab 1938 gebauten Lokomotiven der Reihe 41 zeigte die neue Stahlsorte St 47 K nach dem Krieg Ermüdungserscheinungen, denen man zunächst mit einer Herabsetzung des Kesseldrucks begegnen wollte. Schließlich entschloss man sich, wie auch bei der DB, zur Ausrüstung mit neuen geschweißten Kesseln, die neben dem Mischvorwärmer 1961/62 in 80 Lokomotiven eingebaut wurden. Nach ihrer Pause im Helmstedter Lokschuppen (vgl. Seite 24) hat sich die mit Neubaukessel ausgerüstete 41 137 im Mai 1966 vor den D 113 nach Görlitz gesetzt.

Foto: Otto Blaschke

Wie von einem Feldherrnhügel wird die Befüllung des Öltenders der 44 0553 am 4. Mai 1978 in Saalfeld überwacht. 95 Maschinen waren auf diese Antriebsart umgebaut worden. Die wenige Jahre später beginnende Ölknappheit traf zwar die Dampflokpersonale nicht mehr sehr, wirkte sich aber auch bei den Dieselnachfolgerinnen aus.

Linke Seite: Bei dieser Aufnahme eines Schnellzugs nach Dresden am 16. September 1977 in Radebeul-Ost waren es noch acht Tage bis zum Ende der Dampf-Bespannung der meist schweren Züge von und nach Berlin, sowohl mit großohrigen Altbau-01ern als auch den kohlegefeuerten Maschinen der Baureihe 01.5. Traurige Berühmtheit erlangte die vor diesem Zug laufende 01 516, die am 27. November 1977 für eine Ersatzleistung vor dem D 567 Berlin–Reichenbach bis Leipzig eingeteilt wurde. Aufgrund von Wassermangel, den die Lokmannschaft schon bei der abgelösten 03 121 verursacht hatte, zerknallte der Kessel bei der Einfahrt in Bitterfeld.

Die erste schon beim Umbau mit Ölhauptfeuerung ausgerüstete 01 519 erhielt aus diesem Anlass an den Führerhausseitenwänden eine Plakette, die darauf hinwies. Weniger bekannt, aber sehr wirksam war der Austausch der Boxpokräder gegen verstärkte Speichenradsätze.

Rechte Seite: Die jüngste preußische Personenzuglokomotive mit Schnellzugerfahrung, die P 10 und spätere Baureihe 39, war zu Beginn der beschlossenen Rekonstruktion mit geschweißtem Kessel und Mischvorwärmer schon 37 Jahre alt. Doch waren 85 ertüchtigte Maschinen unter der neuen Baureihenbezeichnung 22 schon ein unverzichtbarer Bestandteil des Dampflokparks. Am 5. September 1970 fährt die umgezeichnete 39 1060 in den Leipziger Hauptbahnhof ein.

Foto: Otto Blaschke

Als der Ölpreis noch kein Thema war, wurden von der neubekesselten 50.35 immerhin 72 Maschinen mit Ölhauptfeuerung bestückt und in 50.50 (ab 1970: 50.00) umgenummert. Nicht weit vom »großen Ölhahn«, womit die Raffinerie Schwedt gemeint ist, wurden die 50.00 eingesetzt. Noch am 11. Mai 1980 steht 50 0032 mit einem Güterzug in Angermünde.

Die rekonstruierte 58 3040 hat mit ihrem Behälterwagenzug die Einfahrt in den kleinen thüringischen Bahnhof Nöbdenitz zwischen Gera und Altenburg am 5. Mai 1978 erreicht und kreuzt mit einem mit 58 3003 bespannten Zug (siehe Titelbild des Buches). Die im Brennstoffverbrauch sehr sparsamen Maschinen zogen schwere Züge im sächsisch-südthüringischen Raum. *Foto: Otto Blaschke*

Mit zu den ältesten E-Lokbaureihen gehörte nach dem Rücktransport aus der Sowjetunion 1952/53 neben E 17, E 77 und E 95 – alle um 1959 aufgearbeitet – auch die E 04, die erst um 1961 mit 14 Einheiten wieder eingesetzt werden konnte. Dafür überlebte auch die am 5. September 1970 Leipzig Hbf verlassende 204 015 die vorgenannten Lokgattungen um bis zu zehn Jahre. *Foto: Otto Blaschke*

Insgesamt 27 Einheiten der schweren Baureihe E 94 wurden 1952 von der UdSSR an die Reichsbahn zurückgegeben. Diese verkaufte vier Loks an die DB und setzte die übrigen Maschinen, die nach den Lokomotiven der E 44 aufgearbeiteten wurden, auf dem wieder elektrisch betriebenen mitteldeutschen Netz ein. Am 16. Juli 1977 befördert eine E 94 (ab 1970: 254) einen Güterzug, in dem an erster Stelle ein 40′ Überseecontainer der Reederei United States Lines läuft, über die Dresdner Marienbrücke.

Anfang 1961 lieferten Lokomotivbau-Elektrotechnische Werke »Hans Beimler« (LEW) Hennigsdorf – jetzt Bombardier nach ADtranz und AEG – zwei Prototypen einer Schnellzuglok E 11, die auf Konstruktionsmerkmalen der DRG und PKP beruhten. In Serie baute man dann ab 1962 die E 11 als 120 km/h schnelle Variante und die mit 100 km/h etwas langsamere E 42 (ab 1970: 211 bzw. 242). Nach dem ursprünglichen Dunkelgrün steht 211 036 in einem farblichen Zwischenstadium am 5. September 1970 zwischen den beiden anderen Traktionsarten in der gewaltigen Hallenkonstruktion des Leipziger Hauptbahnhofs.

Rechte Seite: Das Reichsbahnausbesserungswerk Dessau hatte es geschafft, aus Teilen der Baureihe ET 25 einen dreiteiligen Elektrotriebzug aufzubauen, der 1970 als 285 001 in das neue Nummernschema aufgenommen wurde. Am 5. September desselben Jahres steht der »Rote Dessauer«, wie er nach dem Ort seiner Wiedergeburt genannt wurde, nach seiner morgendlichen Tour nach Erfurt wieder abfahrbereit auf Gleis 3 im Leipziger Hauptbahnhof. Die Fahrt geht als D 38 erneut nach Erfurt, aber diesmal von dort als D 384 über Halle nach Magdeburg, zurück nach Erfurt und von dort als D 37 für die Spätschicht zurück in die Messestadt. *Foto: Otto Blaschke*

Noch brandneu ist am 31. August 1983 der erst mit Beginn des Sommerfahrplans aufgenommene elektrische Betrieb im Bahnhof Flughafen Berlin Schönefeld. Die Lok der Baureihe 132 rechts im Hintergrund könnte vom noch nicht überspannten Ostteil des Außenrings kommen, da die Elektrifizierung der westlichen Verbindung zum Rangierbahnhof Wustermark für den Güterverkehr 1982/83 Vorrang hatte. 211 040 und ein Fahrgast genießen gemeinsam die warmen Strahlen der Augustsonne. *Foto: Otto Blaschke*

Für die kaum überschaubare Vielfalt von vor allem kleinen Dampflokomotiven durch die Übernahme des Privatbahnlokparks war die Beschaffung von Ersatzteilen oft unmöglich und die Anfertigung kostenaufwändig. Als Konsequenz erschienen ab 1959 die ersten Rangierdieselloks. Dazu gehörte die V 60, die sich am 15. Juli 1976 als sehr gepflegte 106 658 im Bahnhof Zittau zeigte. Im Gegensatz zur ihrer DB-Schwester weist sie vier Achsen auf.

Am 9. August 1969 hatte der Fotograf bei Frankfurt (Oder) Rosengarten das Glück, mit der rot-silbernen V 180 005 die erste Lok aus der ersten Kleinserie von fünf Maschinen aus dem Jahr 1963 auf die Platte zu bannen. Angehängt war der P 1112, der aus vier Reko-Umbauten bestand, die ab 1964 aus vierachsigen Abteilwagen entstanden waren.

Foto: Otto Blaschke

Zur Abwechslung vor einem Kühlwagenzug machte sich die etwa 1964 gebaute 118 039 am 10. Mai 1980 in Berlin Lichtenberg nützlich. Einschließlich einer sechsachsigen Unterbaureihe hatte sich die Auslieferung dieses Loktyps bis 1970 hingezogen. Das letzte Exemplar trug schon die Computernummer 118 406.

Foto: Otto Blaschke

Gemäß den Beschlüssen des Rates für gegenseitige Wirtschaftshilfe hatte die Sowjetunion schon 1966 die Belieferung der Reichsbahn mit Dieselmaschinen ab 2000 PS (1271 kW) übernommen. Bis 1975 rollten 378 Einheiten der auch in andere Ostblockländer gelieferten Baureihe V 200 (ab 1970: Baureihe 120) auf DR-Gleisen. Wegen ihres lauten Motorengeräusches bekamen die Lokomotiven schnell Spitznamen wie »Taigatrommel« oder »Wumme«. Am 4. Mai 1978 wurde 120 329 von der unter Fotografen sehr bekannten Straßenbrücke in Saalfeld abgelichtet.

120 019 ist am 13. Mai 1980 mit für den Fotografen gefährlicher Fracht unterwegs. Aber bei der sauberen Lok mit der niedrigen Nummer aus der ersten Serienlieferung und solch einem für den ganzen Zug ausreichenden Fotostandpunkt bei Stralsund blieb keine Zeit für einen Kontrollblick auf das Ladegut… *Foto: Otto Blaschke*

Gleich drei Großdiesselloktypen der Deutschen Reichsbahn präsentieren sich am Morgen des 5. Mai 1978 am Hauptbahnhof von Gera: 118 060, 120 094 und eine Maschine der Baureihe 130. Da fehlt auf dem Bild nur noch die ab 1977 aus Rumänien bezogene Baureihe 119.

Eben schon im Familienkreis vorgestellt, zeigt sich die liebevoll »Ludmilla« genannte 3000 PS-Lok (2200 kW) mit der nur bei Lokomotiven aus der Sowjetunion üblichen Nummerntafel aus Emaille am 11. Mai 1980 vor einem Güterzug in Pasewalk. Trotz um 19.10 Uhr schon schräg stehender Sonne war ein Foto von der 130 006 aus der Lieferserie von 1972 kein Problem.

Auch die Wagenausbesserung lief in der DDR auf Hochtouren. Und mit der Parole: »Unser Standpunkt – alles mit dem Volk, alles durch das Volk, alles für das Volk« ist wieder ein Kühlwagen für die Fischversorgung fertig geworden. Natürlich ließ die seit 1964 als Werklok im Raw Berlin Revaler Straße eingesetzte 80 003 den Fotografen alle Vorsicht vergessen.

Die Ablösung nicht nur des alten Güterzugbegleitwagens mit Holzaufbau sondern auch älterer zweiachsiger Personenzugpackwagen geschah durch diese Konstruktion des DDR-Schienenfahrzeugbaus. Am 4. Mai 1978 ist in Saalfeld ein Packwagen der Gattung Daa – seit 1959 im Reisezugdienst – in den P 18003 nach Sonneberg gleich hinter der 95 0004 eingereiht. Von diesem Eisenbahnatmosphäre ausstrahlenden Bild wird wohl nur der denkmalgeschützte Wasserturm übriggeblieben sein.

Am 18. August 1966 ist der P 9158, der um 12.20 Uhr von Neubrandenburg nach Friedland fahren wird, noch eine bunte Mischung aus Zweiachsern der 1949 in die Regie der Reichsbahn übergegangenen Privatbahnen der Umgebung.

Reisezüge ließen sich wegen der bestehenden Bahnsteiglängen bei wachsendem Fahrgastandrang nicht beliebig verlängern. Nach dem Vorbild der Lübeck-Büchener Eisenbahn beschaffte die Deutsche Reichsbahn in wesentlich größeren Stückzahlen als die Deutsche Bundesbahn ab 1953/54 Doppelstockwagen. Die erste Serienlok V 180 005 ist Ende der 60er-Jahre an der Beförderung der Sputnik-Züge über den Berliner Außenring beteiligt. An der Wuhlheide verlässt sie die Strecke nach Frankfurt (Oder) in Richtung Süden zur Umfahrung der Frontstadt Berlin. *Foto: Otto Blaschke*

Trotz der ab 1957 begonnenen Umrüstung von zwei- und dreiachsigen Länderbahnabteilwagen mit neuen Aufbauten konnte man ihren Reichsbahn-Nachfolgern noch bis Mitte der 70er-Jahre in entlegenen Ecken wie Zittau begegnen. Im Sommer 1969 findet sich ein solcher Wagen in Riesa in Gesellschaft eines vierachsigen italienischen »Centoporte« (= hundert Türen), den ein bekannter Modellbahnhersteller der Nachwelt überliefert hat.

Foto: Christian Etzweiler

Die ab 1962 nach OSShD-Richtlinien als Typ B vom DDR-Schienenfahrzeugbau ausgelieferten 24,5 Meter-Wagen brachten einen deutlichen Komfortsprung, auch wenn die 2. Klasse zunächst mit 4+4 Sitzbänken ausgerüstet war. Mit Einführung der Städte-Expreß-Züge im Herbst 1976 kam Farbe in das bisher einheitliche Grün, nur gelegentlich von Mitropa- oder Kurswagen anderer Bahngesellschaften sowie der S-Bahn unterbrochen. Nun war allerdings auch der Speisewagen in den neuen Farben gehalten. Am 16. September 1977 passierte ein mit einer Taigatrommel bespannter Güterzug in Radebeul-Ost eine Städte-Expreß-Garnitur.

Die 1963 verwirklichte Konstruktion des Görlitzer Schnelltriebwagens VT 18.16 erlaubte das Kuppeln sowohl mit der gleichen Bauart als auch mit einem Vorkriegsschnelltriebwagen. Am 23. August 1966 beweist das in Rostock Hbf der aus VT 18.16.04 und VT 137 273 (»Bauart Köln«) bestehende Ex 22 »Neptun«. Beim VT 137 273 handelte es sich um einen von vier »Kölnern«, die Ende 1958 von der Bundes- an die Reichsbahn verkauft worden waren.

Linke Seite: Die Vorkriegstrieb- und -beiwagen sind in Frankfurt (Oder) noch nicht zum alten Eisen gewandert. Sie teilen sich den Dienst mit den von der DR ab 1957 beschafften Nebenbahntriebwagen VT 2.09. Neben der Frankfurter Bahnhofshalle stehen die Fahrzeuge vor und im zerstörten Schuppen gleichermaßen an der frischen Luft. Die »Ferkeltaxe« genannten Fahrzeuge weisen noch zu den Seiten die geschwungenen Panoramascheiben auf, wie sie nur die ersten Fahrzeuge besaßen. Auch wenn es schnittiger aussieht, musste man wegen Beschaffungsproblemen die Front an gerade Scheiben anpassen. *Foto: Otto Blaschke*

Eine Nohab-Diesellok vom Typ »My« verfolgt im Sommer 1970 die Ausfahrt des vierteiligen Ex 22»Neptun«, nun als 175 015/016 bezeichnet, aus dem Kopenhagener Hauptbahnhof. Als beteiligte Bahnverwaltung hatten auch die Dänen schon zweiteilige Triebwagen auf der Route Kopenhagen–Berlin eingesetzt.

Paradepferde

Die Stars der Magistralen

Von den imposanten Einheitsschnellzuglokomotiven der Deutschen Reichsbahn waren zum Ende des Zweiten Weltkriegs zahlreiche Exemplare durch Fliegerangriffe und Kampfhandlungen zerstört. An vielen Orten waren außerdem einsatzfähige Maschinen zwischen zerfetzten Gleisen eingeschlossen.

Den bereits in der Einleitung aufgeführten Bestandszahlen für die SBZ sei noch hinzugefügt, dass 1944 die in der RBD Halle und bis nach Breslau eingesetzten stromlinienverkleideten Drillingsmaschinen der Baureihe 01.10 vollständig nach Westdeutschland verbracht worden waren. Dagegen verblieben von den bis 1941 gebauten 60 Exemplaren der leichteren Stromlinienbaureihe 03.10 auf den Reichsbahngleisen in der SBZ 19 Maschinen. Bei den Schnellzuglokomotiven der ehemaligen Länderbahnen dominierten die preußische S 10 (BR 17) und die sächsischen XVIII H (BR 18.0) und XX HV (BR 19.0). Die bei Kriegsende in Mitteldeutschland stehende bayerische S 3/6 18 434 wurde am 29.7.1948 mit der westlichen Reichsbahnverwaltung gegen die badische IV h 18 314 getauscht, die man zur Bremslok umbaute. Neben dem späteren Einbau einer Ölhauptfeuerung gaben ihr Teilverkleidungen und kleine Windleitbleche ein stark verändertes Aussehen. Bis auf die aus Frankreich stammenden 07 1001 (SNCF 231-E-18) und 08 1001 (SNCF 241-A-4), beide auf Kohlenstaubfeuerung umgebaut, wurden beschlagnahmte Schnellzugmaschinen an die östlichen Nachbarn, hauptsächlich Polen, zurückgegeben.

Nach der Stunde Null war Improvisation gefragt. Wenn überhaupt Züge fuhren, ging es wegen Kriegsschäden und Gleisdemontage nur langsam voran, und da war eine fahrfähige und unter Dampf stehende Schnellzuglok genau so willkommen wie jedes andere Zugtier mit Feuer unterm Kessel. Die besten Lokomotiven der Baureihe 03 und später auch der 01 wurden von der sowjetischen Besatzungsmacht vor ihren Militärreise- und Kurierzügen eingesetzt, die anfangs mit den Kriegsbaureihen 42 und 52 bespannt waren. 23 Einheiten der Baureihe 01 standen im Herbst 1949 im Kolonnendienst. Anfang 1955 verteilte die Hauptverwaltung der Maschinenwirtschaft nach Beendigung des Kolonnendienstes die noch eingesetzten 20 Schnellzugmaschinen der Reihe 01 auf die Direktionen Erfurt, Magdeburg und Schwerin.

Von den sächsischen Schnellzugmaschinen war 1945 von zehn vorhandenen Loks der Baureihe 18.0 nur eine betriebsfähig, von 23 Exemplaren der Reihe 19.0 – besser bekannt als Sachsenstolz – ganze sieben. Acht wieder aufgearbeitete XVIII H (BR 18.0) bewältigten den Schnellzugverkehr von Dresden in Richtung Berlin bis in die 60er-Jahre. Ausgemustert wurden sie ab 1965. Die in Reichenbach (Vogtl) zusammengezogenen Loks der Baureihe 19.0 wurden fast nur in untergeordneten Diensten bis zum Ende des Winterfahrplans 1957/58 eingesetzt. Vom »Sachsenstolz« erhielt die Versuchs- und Entwicklungsstelle der Maschinenwirtschaft (VES-M) in Halle 1966 immerhin drei Exemplare. Zwei wurden rekonstruiert und später sogar mit Ölhauptfeuerung ausgerüstet. Erhalten blieb die 19 017 in der Ursprungsform unter der Obhut des Verkehrsmuseums Dresden.

Die in der SBZ vorhandenen preußischen S 10.1 (BR 17.10-12) – neben wenigen S 10 (BR 17.0-1) – wurden seit Sommer 1945 im Personenzugdienst im Raum Berlin–Frankfurt/Oder–Cottbus eingesetzt. 1949 erlebten 15 Loks dieser betagten Baureihe die erste Modernisierungsmaßnahme der Deutschen Reichsbahn, die Ausrüstung mit der Kohlenstaubfeuerung System Wendler. 17 1042 und 1077 wurden 1964 als letzte abgestellt.

Wie im zweiten Absatz erwähnt, fanden sich 19 Maschinen der ab 1939 ausgelieferten Schnellzugreihe 03.10 bei der Reichsbahn in Mitteldeutschland. Ab 1959 erhielten bis auf eine Unfall-Lok 18 Exemplare einen geschweißten Ersatzkessel und bis auf 03 1010 und 1074 einen Mischvorwärmer. 16 Maschinen wurden in der zweiten Hälfte der 60er-Jahre mit Ölhauptfeuerung ausgerüstet.

Dagegen hatte die zweizylindrige Vorgängerin der 03.10, die Baureihe 03, bereits zehn Jahre zuvor den Kampf um Aufnahme in das Rekonstruktionsprogramm der Deutschen Reichsbahn nach kontroversen Diskussionen gegen die 01 verloren. Dabei hatten nicht nur Fakten, sondern auch persönliche Meinungen eine Rolle gespielt. Immerhin wurden der 03 nach einigen, ab 1962 neu gefertigten, Steh- und kompletten Ersatzkesseln ab 1968 die noch fast neuen Verbrennungskammer-Kessel der bis 1971 ausgemusterten Baureihe 22 eingebaut.

Am stärksten veränderten aber 35 Zweizylinder-Maschinen der Baureihe 01 durch die Rekonstruktion ihr äußeres Erscheinungsbild: Neben einem leistungsfähigeren Verbrennungskammer-Kessel mit einer Mehrleistung von 160 PS gegenüber dem alten Kessel mit 2.240 PS, Trofimoff-Schiebern und Mischvorwärmer vermittelte die neue Baureihe 01.5 auch äußerlich durch steile Frontschürze, spitze Rauchkammertür, durchgehende Domverkleidung und Boxpoktreibräder einen kraftvollen Eindruck. Weitere technische Verbesserungen waren modifizierte Kreuzkopflager und verstärkte Drehgestelle.

Die Entwicklungsarbeiten zogen sich durch Kapazitätsengpässe bei den schon überlasteten Konstrukteuren der Lokomotivindustrie und Diskussionen, die Gelder besser in neue Diesel- und Elektroloks zu investieren, in die Länge. Schließlich wurde das Rekonstruktionsprogramm der Baureihe 58.10-21 zur neuen Reihe 58.30 nach 56 Einheiten zugunsten des Prestigeobjekts 01.5 beendet. Die Versuchsanstalt (VES-M) Halle unter Max Baumberg, einem der letzten deutschen Dampflokkonstrukteure und Vater der aus der 61 002 und Teilen der Versuchslok H 45 024 entstandenen 18 201, übernahm zusammen mit dem Raw Meiningen die Weiterentwicklung.

Nach der Indienststellung der ersten Maschinen 1962 mussten zahlreiche Nachbesserungen aufgrund von technischen Mängeln vorgenommen werden. Bei den im deutschen Lokomotivbau bei 01 504 erstmals verwendeten Boxpoktreibrädern wurde ein schlechterer Lauf als bei Speichenrädern beklagt. Die Blechschürze am Umlauf verstärkte zwar das dynamische Erscheinungsbild, störte aber die Beweglichkeit und Zugänglichkeit dahinter liegender Antriebsteile. Insgesamt war anfangs das Urteil der Lokpersonale über die Reko-01 verhalten. Nach einer Reihe von Schuldzuweisungen zwischen den Entscheidungsträgern wurde beschlossen, die Rekonstruktion beschränkt auf 35 Lokomotiven fortzuführen.

Bei der erstmals mit Ölhauptfeuerung und verstärkten Speichenradsätzen ausgerüsteten und von konstruktiven Mängeln befreiten 01 519 war die Leistung deutlich besser. Die bei dieser Maschine und ihren Nachfolgerinnen erfreuliche Abnahme der Reparaturanfälligkeit ließ das Personal seine Ablehnung zugunsten einer positiven Einstellung zu Kesselleistung und Ölbrenner vergessen.

Der beschriebene Sinneswandel dürfte sich nach der Stationierung im Bahnbetriebswerk (Bw) Erfurt P ergeben haben, wo bei Einsätzen vor schweren Interzonenzügen ab Bebra eine Reihe langer Steigungen wie am Hönebacher Tunnel zu bewältigen waren. Neben 12 Kohlemaschinen waren am 30. Juni 1965 sämtliche Ölloks in der thüringischen Metropole beheimatet. Nach dem nachträglichen Umbau von elf Maschinen auf Schweröl wurden die verbliebenen sieben kohlegefeuerten 01.5 im Bw Berlin-Ostbahnhof zusammengezogen. Am 1. Januar 1966 waren dort außerdem sechs Altbau-01 und neun 03 vorhanden. Noch in der zweiten Hälfte des Jahres 1965 setzte die Reichsbahn mehrere ölgefeuerte 01.5 nach Wittenberge um. Dort lösten sie im Interzonenverkehr Hamburg–Berlin nach und nach die Baureihe 03 ab. Mitte 1970 war der 01.5-Bestand auf 15 Maschinen angewachsen.

Der am 26. Mai 1972 zwischen der DDR und der damaligen Bundesrepublik Deutschland geschlossene Verkehrsvertrag wurde von einem »Eisenbahngrenzübereinkommen« begleitet, das nach Ende des Fahrplanjahrs den Lokwechsel an der Grenze vorsah. Damit verloren die Wittenberger 01.5 am 3. Juni 1973 ihre »Rennstrecke« auf durchgehend geschweißten Gleisen ab Büchen durch den Sachsenwald in Richtung Hamburg, zuletzt von 01 502 mit D 404 gefahren. Das Übereinkommen beendete auch den Einsatz der kohlegefeuerten 01.5 nach Helmstedt. Und Bebra verlor die letzten Dampfloks in seinen Rundschuppen, weil der Lokwechsel nach Gerstungen verlegt wurde. Meist war es die Dieselbaureihe 132, die die imposanten Dampfrenner ablöste. Der Erfurter 01.5-Bestand wurde nach Saalfeld abgegeben. Nachdem 01.5 schon früher die Baureihe 22 nach Probstzella unterstützt hatten, fuhren sie jetzt hauptsächlich in den Plänen der Baureihe 41.

Wittenberge bespannte mit seinen 01.5ern noch eine Zeitlang Schnellzüge nach Berlin, Magdeburg und Rostock, verlor aber bald seinen Bestand. Einige Maschinen gelangten nach Pasewalk, wo man sie planmäßig einsetzte, und nach Rostock, wo sie praktisch nur als Reserve dienten.

Lange nach ihren Einsätzen vor Transitzügen zwischen Bebra und Berlin, die der Volksmund beharrlich Interzonenzüge nannte, ist die frühere Erfurter 01 529, die seit August 1973 in Saalfeld stationiert ist, am 4. Mai 1978 vor D 504 über Leipzig nach Berlin gerade angefahren. Die Kollegen von der Mitropa scheinen noch nicht überlastet.

Ein letztes, dieser Schnellzuglok angemessenes Betätigungsfeld für die Berliner Kohle-01.5 war die Strecke Berlin–Dresden, die bis 1977 im Wechsel mit Altbau-01 befahren wurde. Allgemein schon als Reserve und teilweise als Dampfspender eingesetzt, verbrachten die meisten 01.5 ihre alten Tage.

Bis 1980 sollten die nach dem Kesselzerknall der 01 516 am 27. November 1977 im Bahnhof Bitterfeld und einer z-Stellung noch fünf Kohleloks abgestellt werden. Aber die sich schon Ende der 70er-Jahre abzeichnende Verteuerung des russischen Erdöls und damit des daraus gewonnenen Abfallprodukts Schweröl verlängerte das Leben der rostgefeuerten Maschinen und auch einiger Altbau-01, die in Saalfeld für die herumstehenden Ölloks einsprangen. Nach wenigen Monaten gerieten aber die polnischen Kohlelieferungen im Spätsommer 1980 ins Stocken, sodass die rostgefeuerten Maschinen abgestellt werden mussten. Dennoch hätte die letzte Kohle-01.5 – 01 514 – die von der Hauptverwaltung der Maschinenwirtschaft verfügte Abstellung der Ölloks zum 31. Dezember 1981 um drei Monate überlebt, wenn nicht die letztmals am 20. Oktober 1982 im Bw Saalfeld mit dem Bodensatz der Öltanks angeheizte 01 513 dem schwarzen Gold zum Schluss die Schau gestohlen hätte.

Erfreulicherweise blieben einige der Reichsbahn-Paradepferde der Nachwelt erhalten: Als Publikumsmagnet dampfen die ölgefeuerte 01 509 bei den Ulmer Eisenbahnfreunden sowie die kohlegefeuerten 01 519 und 01 533 bei den Eisenbahnfreunden Zollernbahn beziehungsweise der Österreichischen Gesellschaft für Eisenbahn-Geschichte. Die ebenfalls kohlegefeuerte 01 514 der Historischen Eisenbahn Frankfurt befindet sich im Technikmuseum Speyer und die auf Rostfeuerung zurückgebaute 01 531 steht zurzeit nicht betriebsfähig im Museumsbetriebswerk Arnstadt.

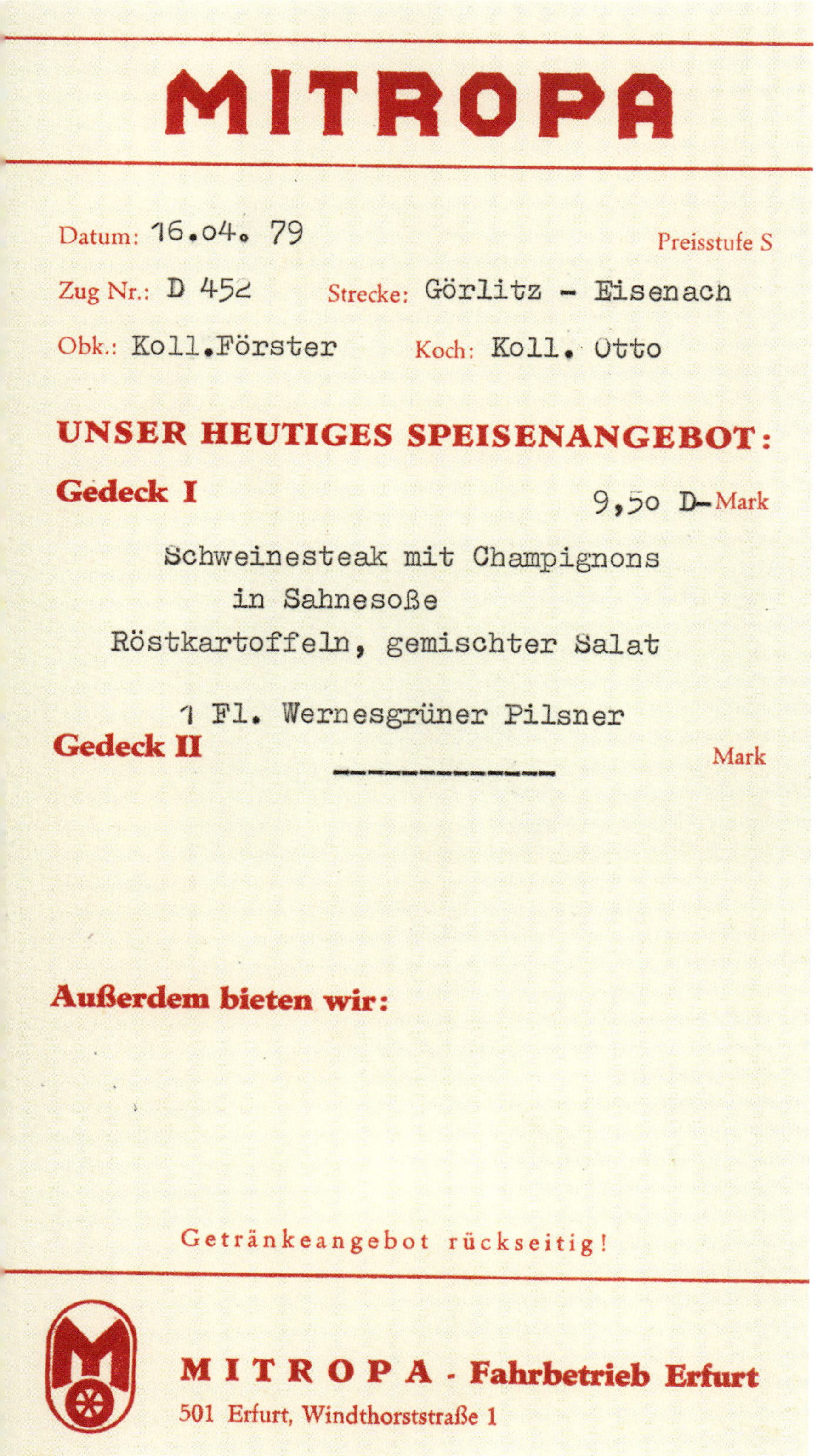

MITROPA

Datum: 16.04. 79 Preisstufe S

Zug Nr.: D 452 Strecke: Görlitz - Eisenach

Obk.: Koll.Förster Koch: Koll. Otto

UNSER HEUTIGES SPEISENANGEBOT:

Gedeck I 9,50 D-Mark

Schweinesteak mit Champignons
in Sahnesoße
Röstkartoffeln, gemischter Salat

1 Fl. Wernesgrüner Pilsner

Gedeck II Mark

Außerdem bieten wir:

Getränkeangebot rückseitig!

MITROPA - Fahrbetrieb Erfurt
501 Erfurt, Windthorststraße 1

Das Mitropa-Angebot im D 452 zwischen Görlitz und Eisenach bestand am 16. April 1979 aus einem Gedeck: Zum Preis von 9,50 D-Mark servierten Kollege Förster als Oberkellner und Kollege Otto als Koch ein Schweinesteak mit Champignons in Sahnesoße mit Röstkartoffeln und gemischtem Salat. Dazu gab's eine Flasche Wernesgrüner Pils – lecker!

Das war und ist für viele Eisenbahnfreunde der Inbegriff ihres Steckenpferds: Ein dahinbrausender Schnellzug, gezogen von einer Lok, für deren Modell viele eine ganze Weile sparen mussten und auch heute noch müssen. Beim Vorbild handelt es sich um den am 16. September 1977 von 01 2118 durch Radebeul-Ost gezogenen D 1076 als Städteschnellverkehr nach Berlin. Die heute noch existierende Krupp-Lok von 1934 bekam wieder ein schönes Messingfrontschild mit der alten Nummer 01 118.

Foto: Otto Blaschke

Die zur ehemaligen badischen Schnellzugbaureihe IV h gehörende 18 314 wurde durch die Initiative der Herren Baumberg (DR-Ost) und Düring (DR-West) im Juli 1948 gegen die bayerische S 3/6 18 434 getauscht. Wie an der Schürze über dem Zylinder zu lesen, gelangte die mit Reko-Kessel, Einheitsführerhaus, Teilverkleidung und Öltender ausgerüstete Maschine als Bremslok zur Versuchs- und Entwicklungsstelle der Maschinenwirtschaft (VES-M) Halle. Für eine Schnellzugleistung steht die 150 km/h laufende Lok am 22. Juli 1967 im Bw Berlin Lichtenberg bereit.

Nicht nur in den ersten Nachkriegsjahren erbrachten Schnellzugloks Leistungen, für die eine P 8 oder Tenderlok ausgereicht hätte. Die schon mit Witteblechen und Mischvorwärmer ausgerüstete 03 026 ist am 31. Juli 1969 zwischen Pillgram und Frankfurt (Oder) mit einer damals typischen Personenzuggarnitur unterwegs.

Foto: Otto Blaschke

Vier Jahre später am selben Standpunkt: An diesem Tag musste die stolze 01 2084 der DR sogar einen Güterzug nach Frankfurt (Oder) bringen. Mit untergeordneten Reisezügen und sogar im Bauzugdienst waren 01 und 03 in beiden Teilen Deutschlands gegen Ende ihrer Einsatzzeit unterwegs. *Foto: Otto Blaschke*

Ihren Konstruktionsmerkmalen entsprechend ist 01 084 als Schnellzuglok – am 19. Juli 1967 natürlich mit alter Nummer – mit einem Transitzug bei Berlin Wannsee in Richtung Westen unterwegs. Auf dieser Aufnahme ist auf dem Tender als Brennstoff eine staubartige Masse zu erkennen, mit der die Heizer sich herumplagten und die sie als »Stalins letzte Rache« bezeichneten.

Am 12. September 1976 steht 01 2204 vor D 1275, der in der Urlaubssaison von Rostock über Dresden nach Budapest verlängert wurde, im Berliner Ostbahnhof. Erheblich kürzer ist dagegen die weitere Fahrt für den gerade vorbei rollenden S-Bahnzug der Stadtbahnbaureihe 275 nach Königs Wusterhausen. *Foto: Otto Blaschke*

Bis zum 24. September 1977 dauerte der Einsatz der Schnellzugdampfloks zwischen Berlin und Dresden. Im Hauptbahnhof der »Elbflorenz« genannten, aber vom Luftkrieg schwer heimgesuchten sächsischen Metropole steht am 15. September neben der Dresdner 01 2207 schon die Ablösung in Form der 132 510, eine ab 1973 gelieferte Ausführung mit Zugheizung.

Selbst für die 2240 PS starken »Großrädrigen« war der Aufstieg aus dem Elbtal mit schweren Zuggewichten manchmal problematisch. Deshalb gibt am 16. September 1977 die 118 073 einer Berliner 01 Vorspannhilfe bei Radebeul.

Die 1967 zum Bw Berlin Ostbahnhof gehörende 03 095 hatte sich 1953 in Chemnitz einem achtmonatigen Raw-Aufenthalt unterzogen, bei dem eine so genannte Ersatz-Investition durchgeführt wurde, ein noch über die an anderer Stelle erwähnte Generalreparatur hinausgehender Wiederaufbau. Am 19. Juli 1967 befindet sich die sieben Jahre später noch mit einem Hochleistungskessel der 22 050 ausgerüstete Lok mit dem schweren D 105 Jeumont–Moskau im Vorfeld von Berlin Wannsee.

Mit dem an siebenter Stelle eingereihten belgischen Kurswagen Oostende–Warschau ist das Zugende des als »Ost-West-Expreß« bekannt gewordenen D 105 mit drei russischen Weitstreckenschlafwagen noch nicht erreicht. Die Lokomotiven der Baureihe 03 gerieten mit solchen Zuggewichten an die Grenze ihrer Leistungsfähigkeit.

Der Austausch der großen Wagnerbleche gegen die kleinen Wittebleche ging bei der Deutschen Reichsbahn nach 1960 mit dem Einbau des Mischvorwärmers einher. Ausnahmen waren 03 121 und 153 wie auch die im Bild gezeigte 03 2098 vom Bw Halberstadt, die als letzte erst 1971 die großen Bleche, die ein charakteristisches Merkmal des DRG-Zeitalters waren, einbüßte. Mit einer bunten Mischung aus Altbau- und Reko-Wagen legte sie im Sommer 1970 einen Halt in Quedlinburg ein. *Foto: Christian Etzweiler*

Neben den allgemein benutzbaren Schnellzügen bespannten die in Frankfurt (Oder) beheimateten 03 auch sowjetische Militärzüge nach Jüterbog. Im August 1969 passiert die vor knapp drei Monaten aus Berlin versetzte 03 269 mit dem Ost-West-Expreß, den wir zuvor in Berlin Wannsee gesehen hatten, die S-Bahnstation Berlin Wuhlheide auf der langen Fahrt zum Endziel Moskau.

Foto: Otto Blaschke

Bei weitem nicht alle Reichsbahner fühlten sich beim Anblick des »Klassenfeinds« bespitzelt oder gaben sich gleichgültig. Nachdem die Zigarette bis zu den Fingerspitzen geraucht war, luden die beiden Schwarzen auf der im Sommer 1970 vor einem Eilzug in Magdeburg stehenden 03 2207 den Fotografen zur Mitfahrt ein. Welcher Eisenbahnfreund hätte das nicht angenommen, wenn auch die Transportpolizei in Halberstadt es durchaus hätte verhindern können, dass dieses Bild der Nachwelt erhalten blieb. *Foto: Christian Etzweiler*

Am 6. September 1975 steht 03 2295, die 1974 den Reko-Kessel der 22 043 erhielt, vor der imposanten Hallenkonstruktion des Leipziger Hauptbahnhofs. Nach acht Jahren Schnellzugeinsatz vom Bw Leipzig Hbf West nach Berlin und in der Urlaubssaison bis an die Ostsee verbrachte sie ihr Dasein beim Bw Leipzig Hbf Süd und Engelsdorf als Reserve. Nach dem Umbau zum Dampfspender 1980 begann ihr zweites Leben Anfang 1996 im Ausbesserungswerk Meiningen für das bayerische Eisenbahnmuseum in Nördlingen. *Foto: Dieter Schlipf*

Am 13. Juli 1976 ist 03 2154 auf der Drehscheibe in Halberstadt zu sehen. Rund sieben Jahre zuvor hatte sie im Ausbesserungswerk am selben Ort den Hochleistungskessel der 22 009 erhalten. Bedeutend für die Baureihe 03 war das Bw Halberstadt in der Vorkriegszeit gewesen, weil man hier die Schnellzüge nach Halle und Hannover bespannt hatte. Neben einem Eilzug Aschersleben–Berlin gehörten jetzt nur Personenzüge zum täglichen Programm, das bei Erscheinen der Diesellokbaureihe 118 auf Arbeitszug- und Heizlokeinsätze beschränkt wurde.

Als letzte ihrer Baureihe erbrachte 03 0010 am 31. August 1980 eine Planleistung zwischen Berlin und Stralsund, wo die 16 auf Ölhauptfeuerung umgerüsteten Maschinen stationiert waren. Am 13. Mai 1980 setzt sich die gepflegte 03 0010 vor dem Schnellzug D 813 Binz–Leipzig in Stralsund in Richtung Berlin in Bewegung.

Gewöhnungsbedürftig für den Reisenden im hessischen Bebra war am 15. Oktober 1965 nicht nur der Anblick einer Schnellzugmaschine mit der Nummer 01 502, sondern neben den Rädern, die eine Art Löcher statt Speichen aufwiesen, auch die spitze Rauchkammertür, die durchgehende Domverkleidung und die breite Schürze am Umlaufblech. Gegenüber den zuerst rekonstruierten Maschinen, die anfangs zu zahlreichen Klagen Anlass gaben, fielen (wie später auch bei diesen) die Boxpokräder und Blechschürze weg.

An den Ausläufern des S-Bahnbetriebswerks Wannsee vorbei, legt sich am 11. Juli 1976 die Wittenberger 01 510 mit dem D 336 nach Hamburg Hbf in die Kurve. Der Pflegezustand der nachträglich auf Ölhauptfeuerung umgebauten Lok lässt zu wünschen übrig, vielleicht auch ein Hinweis auf das bevorstehende Einsatzende nach Berlin wegen der baufälligen Elbbrücke bei Wittenberge. 01 510 befuhr die Brücke am 25. September 1976 auch als letzte. *Foto: Otto Blaschke*

Mehr als ein Jahr vor dem Ende der Schnellzugbespannung mit Dampf zwischen Berlin und Dresden überquert die 01 1511, eine der sieben mit Rostfeuerung verbliebenen Rekomaschinen, im Bw Berlin Ostbahnhof beheimatet, am 16. Juli 1976 die Elbe auf der Dresdner Marienbrücke und hat damit ihr Fahrtziel fast erreicht.

DR
DER 25 A Berlin
erster Geltungstag 16.07.1976
Fahrkarte Nr D 06398
Schnellzug
für eine Pers voll Preis || — Pers halb Preis
von Dresden
nach Berlin Stadtb
über
1. Kl X DM X Pf 180 km 2. Kl 17 DM 40 Pf

Nach der erfolgreichen Aufnahme der 01.5 ging's von der Elbe zurück an die Spree: die Fahrkarte für die Rückfahrt am 16. Juli 1976.

Zum Abschied von den Dampfrennern, die sich – seit 1964 gemeinsam in Berlin Ostbahnhof stationiert – die Bespannung der nach und über Dresden laufenden Schnellzüge teilten, fuhr am 17. September 1977 eine Städte-Expreß-Garnitur als Sonderzug von Berlin nach Radebeul-Ost zur Fahrzeugausstellung anlässlich des Jubiläums »25 Jahre Verkehrsmuseum Dresden«. Vorbildlich herausgeputzt waren die Zugpferde 01 2204 und 01 1512.

Zwei Exoten aus dem hochrädrigen Reichsbahnlokomotivpark sind auf dieser im Juni 1972 in Halle (Saale) gemachten Aufnahme mit ihren Fronten porträtiert: links die mit 175 km/h schnellste betriebsfähige Dampflok der Welt, die 1960/61 auf dem Triebwerk der ehemaligen Henschel-Wegmann-Zuglok 61 002 mit Teilen der H 45 024 aufgebaute 18 201. Daneben steht die rekonstruierte, frühere sächsische XX HV Baureihe 19 015. Beide von der Versuchs- und Entwicklungsstelle der Maschinenwirtschaft (VES-M) Halle genutzten Lokomotiven erhielten durch die Umnummerierung 1970 ziemlich ungewöhnliche Bezeichnungen. *Foto: Karlheinz Brust*

Wie schon zuvor erwähnt, wurde die 1948 gegen die bayerische S 3/6 18 434 getauschte ehemalige badische IV h 18 314 nach kurzer Zeit zur VES-M Halle versetzt. Neben ihren dortigen Aufgaben sorgen gelegentliche Schnellzugeinsätze für Bewegung. Am 22. Juli 1967 steht die Maschine mit ihrer Tatendrang ausstrahlenden Lokmannschaft im Berliner Bw Lichtenberg.

Reise durch das Reichsbahnland

Zwischen Kap Arkona und Fichtelberg

Noch vor meiner Zeit als Beobachter und Chronist des Schienenverkehrs waren mir während meines Aufenthalts in Hamburg Eisenbahner im Bahnhof Altona aufgefallen, deren oft etwas aus der Form gegangene Uniformen Schulterstücke und ungewohnte Litzen aufwiesen. Vom Bahnsteig kommend immer auf demselben Weg war eine abgewetzte schwarze Tasche dabei, und nur selten wurde man aus den schmalen Gesichtern mit leicht grauer Hautfarbe gemustert. Es waren Reichsbahner »aus der Zone«, wie man auch nach der Gründung eines offiziell nicht anerkannten Staatsgebildes weiterhin sagte, die ihren Zug über Schwanheide/Büchen nach Hamburg gebracht hatten und während ihrer Pause von den unerreichbaren Dingen in den Schaufenstern kaum Notiz zu nehmen schienen.

Erste nähere Bekanntschaft mit der Reichsbahn machte ich Ende April 1961, als es abends mit dem F 165, der aus einem Dieseltriebwagen der Baureihe 12.14 des ungarischen Herstellers Ganz bestand, von Hamburg-Dammtor nach Berlin ging. Am reservierten Platz bemerkte ich erstmals einen Geruch, dem man später allerorten im DDR-Bereich begegnen sollte: das Einheitsdesinfektionsmittel. Zusammen mit Braunkohlerauch und Zweitakterabgasen bildete es die typische Geruchskulisse im sozialistischen Teil Deutschlands.

In Berlin schimpften gerade alle auf die zur Reichsbahn gehörende S-Bahn, die zum Maifeiertag der Werktätigen mit der »Spalter-Fahne«, einem schwarz-rot-goldenen Blechwimpel mit dem DDR-Staatswappen Hammer und Zirkel im Ährenkranz, auch auf den Strecken in den Westsektoren geschmückt war.

Interessant wurde die Rückfahrt vor Tau und Tag ab Bahnhof Berlin Zoologischer Garten. Als Ersatz für den ausgefallenen Ganz-Triebwagen wurde der F 166 von einem Schnelltriebwagen der Bauart Köln der Vorkriegs-Reichsbahn gefahren. Wahrscheinlich hatte der Zugführer die Glanzzeiten dieser Schnelltriebwagen noch miterlebt, denn als er mein Interesse bemerkte, geriet er ins Schwärmen: »Die originalen Maybachmotoren – das ist Musik! Und wenn wir erst durch den Sachsenwald fahren, kann der VT zeigen, was noch in ihm steckt.« Meine entsprechende Reaktion nach dem vorangegangenen Holpern und Schaukeln schaffte eine spontane Vertrautheit mit dem Vollbluteisenbahner »von drüben«.

Mitte der 60er-Jahre organisierte der »Deutsche Modelleisenbahn-Verband der DDR« (DMV) für einen norddeutschen Klub von Eisenbahnfreunden zwei Reisen: 1965 ging es ins sächsische Schmalspurparadies und 1966 zu den Schmalspurbahnen im Norden der DDR. Leider blieben diese Fahrten ohne Fortsetzung, sodass neben Berlin nur noch die Leipziger Messe, für die es wegen Bettenknappheit im Bezirk Leipzig Ausweichquartiere in Dresden gab, die Möglichkeit bot, das Reichsbahnland zu bereisen. Das erweiterte den Aktionsradius des Eisenbahnfreunds erheblich. In Leipzig war es einmal sogar möglich, mit offizieller Genehmigung des Leiters des Hauptbahnhofs zu

um so mehr, als damit günstige Anschlüsse zwischen Skandinavien (Kopenhagen, Stockholm, Oslo), dem Balkan (Budapest, Bukarest, Sofia und Belgrad) und dem südwesteuropäischen Raum (Innsbruck, Graz, Rom) hergestellt werden. Der Name „Vindobona" wurde aus der Entstehungsgeschichte der heutigen Donaumetropole übernommen. Er war der alte römische Name für Wien.

Der „Vindobona" ist ein beliebter Zug. Seine Wagen, die nur reservierte Plätze der 1. und 2. Klasse führen, gewährleisten gute Fahreigenschaften. Ein vielseitiger und umfassender Service bürgt für eine moderne Reisekultur.

Der „Vindobona" legt als Tagesverbindung die 735 km zwischen Berlin Ostbahnhof und dem Wiener Franz-Josef-Bahnhof in knapp 12 Stunden

Der „Vindobona" ist einer der bekanntesten Züge, den die DEUTSCHE REICHSBAHN für den Verkehr nach dem Ausland anbietet. Die sich ständig entwickelnden handelspolitischen und kulturellen Beziehungen zwischen der Deutschen Demokratischen Republik und der Republik Österreich sowie die steigende Anzahl von ausländischen Transitreisenden ließen es schon 1957 geboten erscheinen, einen solchen Zug einzulegen.

Der „Vindobona" ging im Januar 1957 auf die Probefahrt und verbindet seitdem Berlin, die Hauptstadt der Deutschen Demokratischen Republik, mit der Hauptstadt Österreichs, Wien. Die Fahrt über Prag, als einem dritten Landeszentrum, macht die hochfrequentierte „V i n d o b o n a"-Relation zu einer wichtigen mitteleuropäischen Standardverbindung auf dem Schienenweg. Das

zurück. Entlang der Strecke können solche Sehenswürdigkeiten wie Dresden, wo, vom Zug aus sichtbar, immer mehr repräsentative Wohnhochhäuser entstehen, die Sächsische Schweiz als beliebtestes Erholungsgebiet mit ihren zahlreichen Ferienheimen, die „Goldene Stadt" Prag und das landschaftlich reizvolle Südböhmen betrachtet werden. Bekannte europäische Flüsse wie Elbe, Moldau und Donau werden überquert.

Zum Wohlbefinden der Reisenden trägt die Betreuung durch das qualifizierte und auf diese Aufgabe vielseitig vorbereitete Personal der DEUTSCHEN REICHSBAHN bei. Die Reisebegleiterinnen beraten die Fahrgäste über Plätze, Gepäck, Fahrpreise und Anschlüsse. In einem Speiseabteil werden von der MITROPA kalte und warme Speisen für Frühstück, Mittagstisch und Abendbrot

Seite 95 und 96: Für die Reisenden des Jahres 1967 lag im »Vindobona« dieser aufwändig gestaltete Prospekt mit einigen Informationen zum Zug und zur Fahrtroute bereit.

fotografieren, allerdings nur in den Hallen. Tatsächlich nahm die sonst sehr aufmerksame Transportpolizei keine Notiz von uns. Schließlich erschien eine kleine Gruppe örtlicher Eisenbahnfreunde. Ihrer Aufforderung, mit nach draußen vor die Halle zu kommen, leisteten wir begeistert Folge.

Eine unvergessliche Reise war am 25. Juli 1967 die Fahrt mit dem Ex 54 »Vindobona«, der aus einem Triebwagen der Baureihe VT 18.16 bestand, von Berlin-Ostbahnhof über Prag nach Wien Franz-Josefs-Bahnhof, 735 km in knapp 12 Stunden. Auf dem letzten Abschnitt an der Donau entlang nach Wien konnte ich die Fahrt auf dem Führerstand genießen. Das im Mondschein glänzende Silberband des breiten Stroms animierte den ÖBB-Lotsen zu einer Gesangseinlage. Ein wirklich einmaliges Erlebnis!

Während der Fahrten über Reichsbahngleise konnte man selten still sitzen. Häufig gab es Dampflokbaureihen zu sehen, die bei der Bundesbahn längst ausgemustert waren. Da ja in jedem Interzonenzug mindestens vier Transportpolizisten mitfuhren, um bei Betriebs- oder sonstigen Halten sofort vom Trittbrett aus an allen vier Ecken den Zug zu beobachten, musste man sich während der Fahrt im Seitengang vergewissern, dass kein

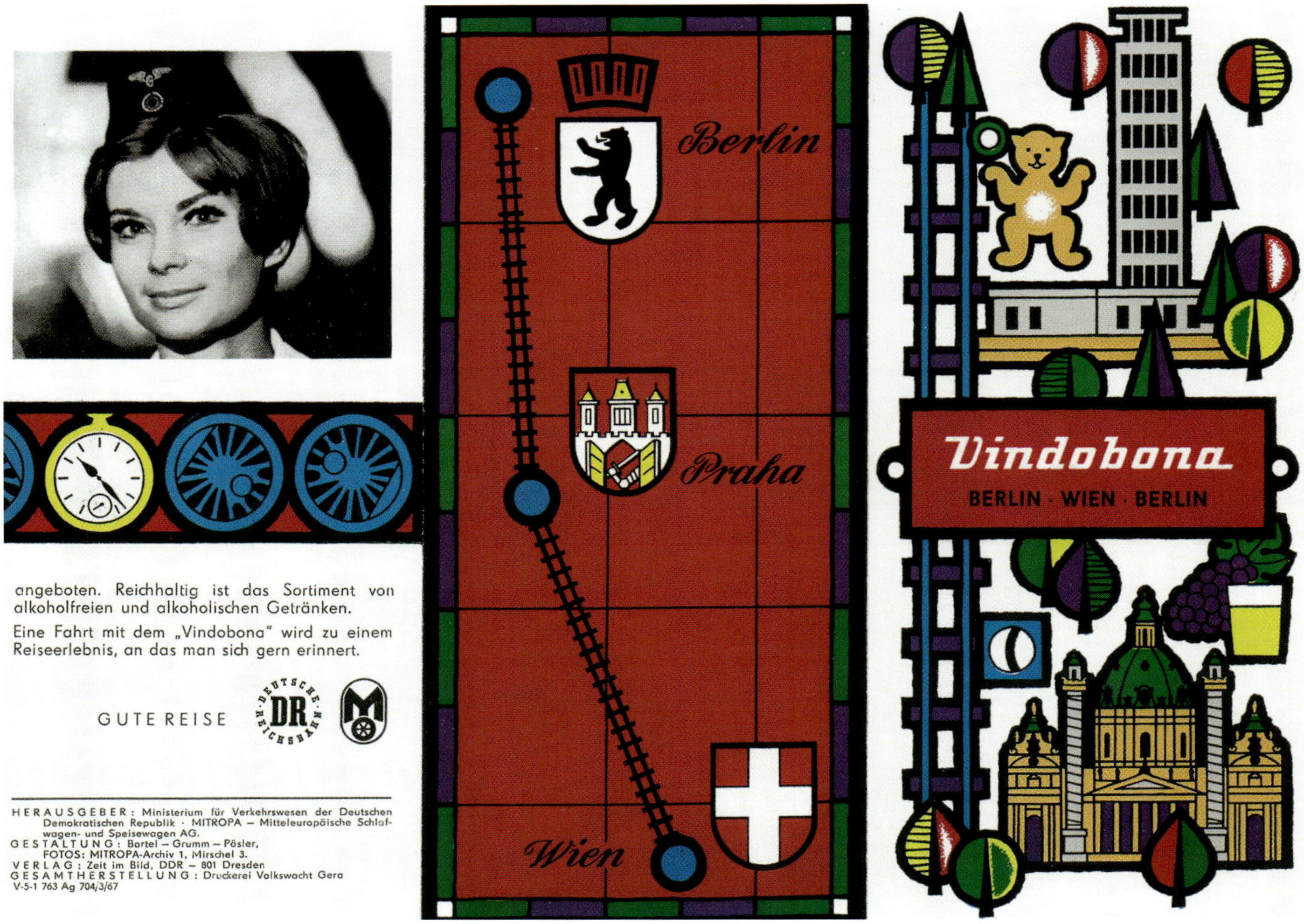

Uniformierter einschließlich Zugpersonal in der Nähe war. Ohne aus dem Fenster zu lehnen, geriet manchmal der Rahmen mit ins Bild. Am mutigsten war ich einmal bei der Einfahrt des in Camburg von einer Dampflok der Baureihe 22 übernommenen Zuges nach Nürnberg in den Bahnhof Saalfeld. Der Drillingsschlag der Lok hatte meinen Freund so fasziniert, dass er das Stakkato der Bergfahrt mit sichtbarem Mikrofon – trotz zeitweise auf der Straße nebenher fahrendem Volkspolizisten! – auf Tonband nahm. Ich riss bei der Vorbeifahrt an den damals noch alten Bw-Schuppen von Saalfeld die Kamera hoch und erwischte eine draußen stehende G 12. Kaum war der Fotoapparat weg, da stiegen auch schon die Kontrollorgane nach Probstzella zu…

Als die DDR schließlich feststellte, dass mit Eisenbahnfreunden Geld zu verdienen war, wurde die Hotelunterbringung etwas unproblematischer. Gleichzeitig erschienen Reiseangebote mit Fachbegleitung und Fotogenehmigung, teilweise angeboten vom Reisebüro der DDR, das es sogar schaffte, Westdeutsche mit der Harzquerbahn am 500 m-Sperrstreifen entlang fahren zu lassen. Teurer waren die von Schweizer und später westdeutschen Unternehmern veranstalteten Touren, aber man konnte auf diesen Fahrten frei agieren, was das Hobby eigentlich erst zum Vergnügen machte.

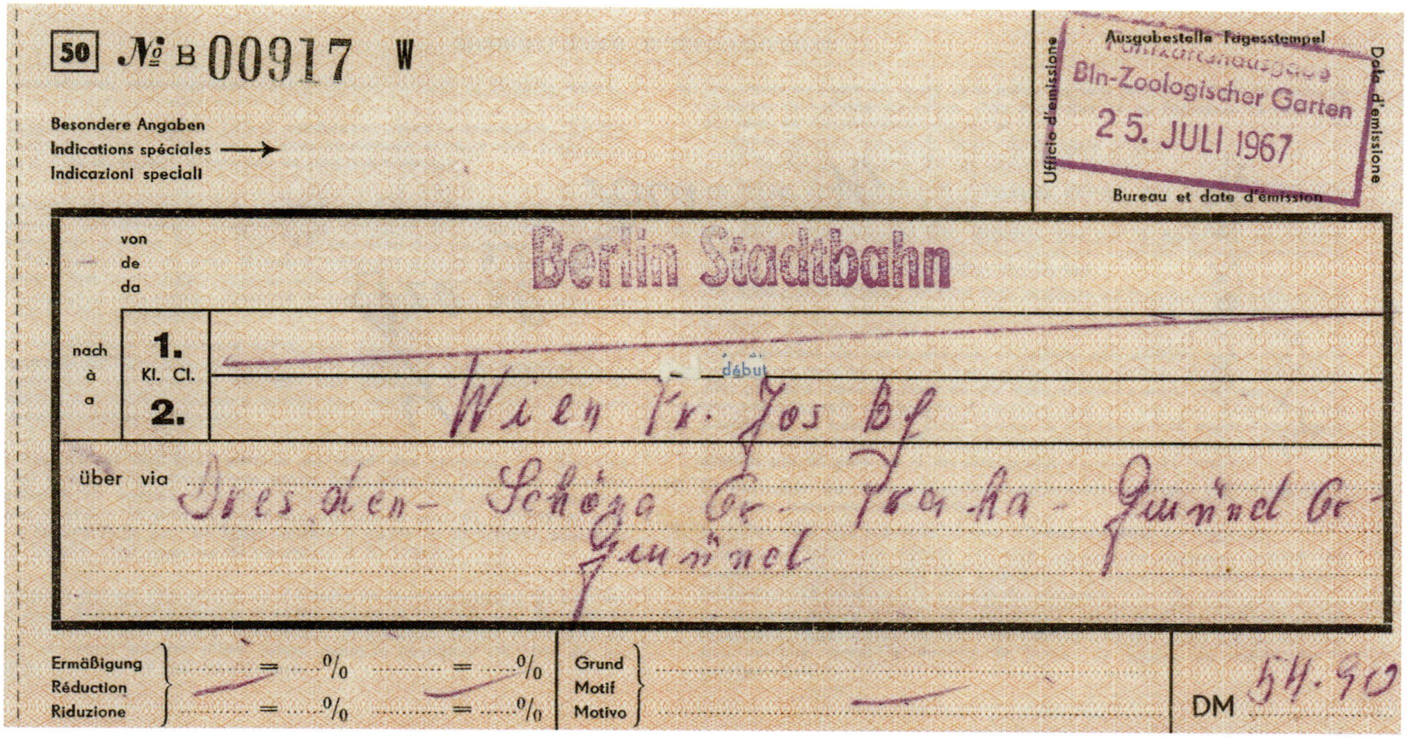

50 № B 00917 W

Besondere Angaben
Indications spéciales
Indicazioni speciali

Ausgabestelle Tagesstempel
Bln-Zoologischer Garten
25. JULI 1967
Bureau et date d'émission

von / de / da: Berlin Stadtbahn

nach / à / a — 1. / Kl. Cl. / 2.: Wien Fr. Jos Bf

über via: Dresden – Schöna Gr. – Praha – Gmünd Gr. – Gmünd

Ermäßigung / Réduction / Riduzione … = …% … = …%

Grund / Motif / Motivo

DM 54.90

Zoologischer Garten 74
Platzkarte
Zug
ab um
Ext 54
25. Juli 1967
Wagen Nr. 234
Platz Nr. 93
2. Kl. 0.50 MDN
2885
0138

Die Fahr- und Platzkarte für die Reise des Autors mit dem »Vindobona« von Berlin nach Wien am 25. Juli 1967.

Nach dem Mauerfall und der Wende verloren die Reisen über die Reichsbahngleise – zum Glück! – schnell ihren Nervenkitzel. Geblieben sind die Erinnerungen an Schienenstöße und Langsamfahrstellen, an Fahnen, Transparente, Losungen und salutierende Eisenbahnerinnen und Eisenbahner neben einem sorgfältig geharkten Stückchen Erde mit der Kieselstein-Losung »Gute Fahrt«.

Nachdem für die Hamburger Züge der Halt in Berlin Wannsee zum Sommerfahrplan 1976 eingeführt worden war, fuhr bereits am 18. Juli 1976 ein von der Baureihe 132 geführter Reisezug mit Vorspann 118 in den Kontrollbahnhof Staaken ein, dessen Öffnung erst im DB-Winterkursbuch 1976/77 mit Halt in Berlin Spandau verzeichnet ist. Die Kontrollorgane auf dem Bahnsteig lassen vermuten, dass es sich um den neuen D 1334 handelt. *Foto: Otto Blaschke*

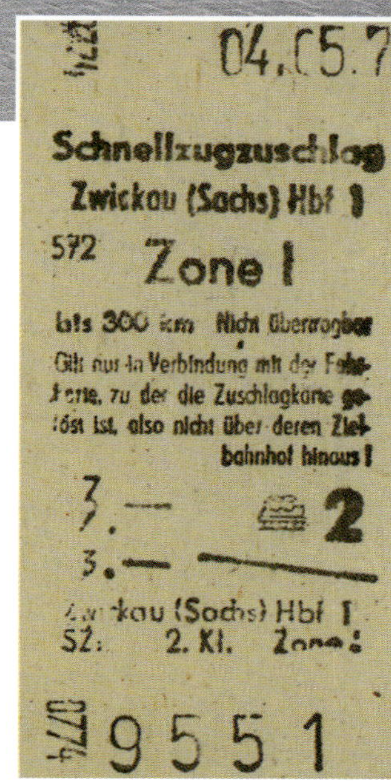

Am 4. Mai 1978, dem Himmelfahrtstag, herrscht in Saalfeld normaler Alltag. Die Werktätigen befinden sich an ihren Arbeitsplätzen und nur zwei höhere Reichsbahndienstränge begeben sich zum D 504, der laut »Hampelmann« genannter Anzeigetafel nach Berlin über Jena und Leipzig fährt. Die Zusatzbezeichnung »Schnellzug« war für diejenigen wichtig, die zum D-Zuschlag 2. Zone nach Berlin Lichtenberg von 5 Mark für die 2. Klasse oder 10 Mark für die 1. Klasse nicht noch eine Nachlösegebühr von 5 Mark für die Benutzung eines zuschlagpflichtigen Zuges ohne Berechtigung riskieren wollten. *Foto: Otto Blaschke*

Nachdem D 504 mit einer 01.5 bespannt Saalfeld um 10.54 Uhr Richtung Berlin verlassen hatte, folgte am 4. Mai 1978 als nächstes Dampfereignis die Ausfahrt des P 3004 mit 41 1036 um 11.06 Uhr nach Halle (Saale). Das Signalbild »HF 2« bedeutet, keinen Blitzstart hinzulegen. Im Hintergrund steht auf Gleis 1 ein Personenzug nach Sonneberg bereit.

Im Westen zum Zeitpunkt der Aufnahme schon lange im Schrott oder bestenfalls im Vorgarten, in Bad Doberan am Stellwerk im August 1966 noch in Aktion: das Läutewerk. Nur kurz stört ein vorbeihuschendes Rottenfahrzeug das Ruhe ausstrahlende Bild.

Abseits von allen Transitrouten in der DDR liegt Neu-Rüdnitz, letzter brandenburgischer Bahnhof vor der Oder-Neisse-Grenze an der Strecke durch das Oderbruch von Wriezen nach Jädickendorf–Stargard (Pom). Am 13. September 1967 steht die weit herumgekommene 38 2760 bereit, um sich mit dem kurzen P 2954 um 11.41 Uhr auf die 8,3 km lange Reise nach Wriezen zu begeben. *Foto: Otto Blaschke*

Die Aufnahme von Ende Juli 1969 hätte auch 40 Jahre vorher gemacht sein können: Die ab 1928 gebaute Tenderlok der Baureihe 62 war für leichte Schnell- und Eilzüge sowie für Personenzüge konzipiert. 62 010 vom Bw Frankfurt (Oder) verteilt die in Erkner aus der Berliner S-Bahn in den P 3311 eingestiegenen Fahrgäste auf die Dörfer und hat es bei Frankfurt (Oder) Rosengarten fast geschafft. *Foto: Otto Blaschke*

In Velgast war 1966 noch die ehemalige Lok 1141 der Greifswald-Grimmener Eisenbahn im Einsatz, die bei der Reichsbahn 1949 die Nummer 91 6280 erhalten hatte. Bei der Maschine handelte es sich um eine ELNA 2, die 1927 von der Lokomotivfabrik Hohenzollern in Düsseldorf gebaut worden war.

Am 5. September 1970 zur Herbstmesse in Leipzig entdeckte der Autor diesen Wagen. Nach dem Motto: »Alles was Räder hat…« war dieser im Reichsbahngrün prangende ehemalige Franzose 51 50 28-14 857-3 in einen Messe-Sonderzug eingereiht. Heute genau umgekehrt ist der damals bescheidene Anteil an Nichtraucherplätzen.

Der Umbau von 208 Exemplaren der Baureihe 50 zur 50.35 bewirkte, dass die Nummerierung bis 50 3708 reichte. Die als Vorletzte rekonstruierte Maschine, die Halberstädter 50 3707, pafft beim Rangieren in Wernigerode 1979 lustige Wölkchen in den blauen Frühlingshimmel.

Drei Dinge braucht die Dampflok: Öl, Wasser und freie Fahrt. Am 13. Mai 1980 ist 03 0010 vor D 813 bis an den Wasserkran in Neubrandenburg herangefahren, um den Tender mit dem notwendigen Nass zu füllen. Heute wird die prachtvolle Maschine auf ihren Fahrten meist von der Feuerwehr versorgt.

Auch Neubrandenburg gehörte zum Aktionsradius der auf Ölhauptfeuerung umgebauten Güterzuglok der Reihe 50. Nachdem außer Kleinloks keine Zugtiere mehr im Rundschuppen beheimatet waren, tat die Drehscheibe am 14. Mai 1980 nur widerwillig ihren Dienst für die 50 0050. *Foto: Otto Blaschke*

Bis auf den rechten Flügel scheint der Neubrandenburger Lokschuppen schon umfunktioniert, worauf die vermauerten Tore schließen lassen. Die Dieselkleinloks verschiedener Typen sind vor die Tür gesetzt, während drinnen vielleicht Trabis parken. Ein Stimmungsbild vom 14. Mai 1980.

Und wieder etwas Aktion im Eisenbahnknotenpunkt Neubrandenburg am 14. Mai 1980: Am Gleis 2 wird 50 0050 Tender voraus mit dem P 7289 nach Pasewalk gekuppelt. Eine Schutzwand zum Tender erlaubt, vorwärts und rückwärts gleich schnell – 80 km/h – zu fahren.

Aus Glauchau trifft am 5. Mai 1978 P 6046 mit 58 3053 vom Bw Glauchau in Gera Hbf ein. Bei der Auslastung der Züge in der DDR ist es verständlich, dass bei diesem Wagenmaterial werktags kein Fahrräder mitgeführt werden durften. Wer sein Rad liebte, musste auf die Zugfahrt verzichten.

Bestimmt hätte die Stralsunder 03 0010 den D 914 aus Dresden ab Berlin Lichtenberg auch allein fortbewegt. Hatte sie einen Schaden oder war die 132 312 zu überführen ? Die Fotografen hätten die schwarze Schönheit am Abend des 13. Mai 1980 in Züssow lieber allein gehabt. Doch mit des Geschickes Mächten …

Fast konnte man sich die sächsische oder badische Tenderlok dazu denken, als am 15. Juli 1976 die Reichsbahn-Abteilwagenkomposition mit der Bautzener 110 688 in den Bahnhof Zittau einfuhr. Von Görlitz kommend benutzte sie nicht die direkte Strecke mit einem östlich der Lausitzer Neisse verlaufenden Abschnitt sondern die Magistrale nach Dresden bis Löbau. Ab hier befuhr P 17825 nicht die kürzere Strecke über Herrnhut–Oberoderwitz nach Zittau sondern den Bogen durch die damalige CSSR ohne Halt in Varnsdorf.

Eine Steigerungsstufe der Unbequemlichkeit für den Normalreisenden war die Holzklasse in den Abteilwagen, egal ob Sachsen, Preußen oder Reichsbahn. Zwei Züge bedienten im Sommer 1970 täglich die damals durchgehende Kursbuchstrecke 440 Adorf (Vogtl)–Aue–Karl-Marx-Stadt, in der Gegenrichtung nur werktags ein Zug. Der Fotograf dieser Aufnahme scheute die Reisezeit von rund fünf Stunden und fünfzehn Minuten nicht und stieg ein. *Foto: Christian Etzweiler*

Nur noch im Post-Express läuft dieser aus dem preußischen Abteilwagen Ci Pr 14 umgebaute Dreiachser, bei dem die DR in den 60er-Jahren Türen ausgebaut und eine Hartpolsterung eingebaut hat. Am 19. August 1966 ließ sich das laut Beschilderung in den Gex 5510 Stralsund–Eberswalde eingereihte Fahrzeug in Stralsund ablichten.

Wie abwechslungsreich bietet sich der im Sommer 1970 von einer Baureihe 95 gezogene P 3487 nach Saalfeld in Sonneberg-Nord dar, verglichen mit der gleichförmigen Wagenschlange aus Umbau-Vierachsern hinter 95 0004 auf Seite 40. Der kreuzende P 3488 nach Sonneberg sollte schon vor einer Minute abgefahren sein. *Foto: Christian Etzweiler*

Am 11. Mai 1980, einem Montag, herrschte bestes Sonnenwetter. In Angermünde nutzten das der Lokführer der 110 649 und einige Reisende des P 5108 aus, der um 17.28 Uhr aus Bernau bei Berlin eingetroffen war und erst um 17.43 Uhr Richtung Pasewalk dem D 914 mit seiner 03 0010 hinterher bummeln sollte.

Die Dampfhochburg Saalfeld zeigt sich am 4. Mai 1978 um 10.15 Uhr vollkommen verdieselt. Neben den bekannten Baureihen 132 341 und 110 539 steht rechts der als Eilzug aus Leipzig eingetroffene D 403 mit 118 109 nach Nürnberg. Bis hier konnten DDR-Bürger einen ungewohnten Reisestandard genießen. Da kein uniformiertes »Organ« zu sehen ist, nutzen das gleich einige am zweiten Wagen zu einem Plausch.

Im April 1979 galt die freie Fahrt für Ludmilla in Wernigerode in dieser Richtung nur für die 9,3 km nach Ilsenburg. Das 3400 Meter weiter direkt an der »Staatsgrenze West« gelegene Stapelburg stand nicht im Fahrplan. Der freundliche Lokführer hat vor der Ausfahrt noch ein Lächeln für den Fotografen.

Der aus Köln in Helmstedt eingetroffene D 111 hat im Mai 1966 wegen des Lokwechsels mit 20 Minuten einen längeren Aufenthalt als »drüben« in Marienborn laut Kursbuch mit 16 Minuten. Für die Steigung hat der Heizer der kohlegefeuerten 01 506 vom Bw Berlin Ostbahnhof tüchtig nachgelegt. Interessant ist, dass die ersten Reisezugwagen-Neubauten C 4 üp 54 der Reichsbahn von 1954/55 für den Nah- und Bezirksverkehr geplant waren. Hier laufen allerdings zwei Einheiten im Schnellzug Köln–Berlin. *Foto: Otto Blaschke*

Das Erbe

Die Altbaufahrzeuge

In der schier unüberschaubaren Vielfalt von deutschen und während des Krieges aus dem Ausland requirierten Dampfloktypen unterschied sich der Triebfahrzeugpark in der sowjetischen Besatzungszone (SBZ) so gut wie nicht von dem der übrigen Zonen. Höher als im amerikanisch-britischen Besatzungsbereich lag aber der Schadbestand von über 50 Prozent. Er wurde noch verstärkt durch die Demontagen von noch funktionsfähigen Ausbesserungswerken und die Forderung der sowjetischen Militäradministration nach unverzüglicher Bereitstellung von rund 950 Dampflokomotiven mit Personalen zum Abtransport von Reparationsgütern. Das hatte auf der Schiene zwangsläufig Ausfälle bei der zivilen Transportabwicklung zur Folge. Als Ergebnis der Rückgabe von Dampflokomotiven, die den Bahngesellschaften anderer sozialistischer Staaten gehörten, und der – abgesehen von einigen ehemaligen Wehrmachts-Dieselloks der Baureihen V 20 und V 36 – noch in weiter Ferne liegenden Dieseltraktion hatten Länderbahn- und Einheitsdampflokomotiven ein zum Teil erheblich längeres Leben als ihre Kolleginnen im Westen Deutschlands.

Bis zur Ablösung durch die um 1960 aus der CSSR importierten Rangierdiesellokomotiven der Baureihe V 75, die vom Lokomotivbau »Karl Marx« in Potsdam-Babelsberg 1961 in erster Kleinserie ausgelieferte V 60 und die vom selben Hersteller 1964 auf der Leipziger Messe vorgestellte, aber erst ab 1967 in Serie gebaute V 100 waren neben den Reichsbahnkonstruktionen die preußischen, sächsischen und badischen Dampfrösser unter sich. Eine beachtliche Vergrößerung des Dampflokbestands und seiner Typenvielfalt, unter anderem durch die ELNA-Einheitstypen für Privatbahnen, erfuhr die Deutsche Reichsbahn durch die Übernahme des Betriebs der Privatgesellschaften 1949 mit Einreihung in das Reichsbahn-Loknummernschema.

Bei Einführung der für die Datenverarbeitung geeigneten Nummerierung 1970 waren nur wenige Länderbahnloktypen übrig geblieben, wie der letzte sächsische »Rollwagen« 38 308 und die preußische P8 (BR 38.10), teils sogar mit Giesl-Ejektor (Flachschornstein) ausgerüstet. Die Güterzuglokomotiven waren mit den preußischen Baureihen G 8.1 (55.25) stärker und den Baureihen 56.20 sowie 57.10 kaum noch vertreten. Bei der Baureihe 58 wurde eine große Zahl preußischer G 12 durch sechs badische G 12 und vier sächsische XIII H unterstützt. Wie schon an anderer Stelle erwähnt, hatte man 56 Exemplare der Baureihe 58 bis 1963 modernisiert, die dadurch als 58.30 bis 1981 eingesetzt werden konnten.

Bei den Tenderloks erhielten die jeweils letzten Vertreterinnen der DRG-Baureihe 62 und der sächsischen XIV HT (BR 75.5) noch die Computernummer. Ein Jahr zuvor war die letzte der in den 20er-Jahren aus Baden nach Berlin und Mecklenburg versetzten Tenderlokomotiven der Schwesterbaureihen 75.4 und 75.10-11 nach jahrzehntelangem Einsatz in Sachsen ausgemustert worden. Bis zur Umzeichnung hielten außerdem durch: sieben Loks der Baureihe 78 (pr T 18), zwei Loks der Baureihe 91.19

An einem Sommerabend 1970 steht die mit Riggenbach-Gegendruckbremse ausgerüstete Steilstreckenlok 94 1175 vom Bw Meiningen vor P 3091 in Schleusingen nach Schmiedefeld. Auf der knapp 16 km langen Strecke, die früher zwei Zahnstangenabschnitte aufwies, ist ein Höhenunterschied von 310 m zu überwinden. Die preußische T 16.1 verfügt über eine ungewöhnliche Dampfdomform. *Foto: Christian Etzweiler*

(meckl. T 4), sechs ehemalige Privatbahnloks BR 91.62 bzw. 64, zweimal Baureihe 92 und sechs preußische T 14 (BR 93.0).

Zum Erbe gehören auch die aus der Sowjetunion 1952 zurückgekehrten Elektrolokomotiven, die ältesten Exemplare hatte noch die preußische Staatsbahn beschafft. Im Betrieb waren 1970 noch die DRG-Baureihen E 04, E 18, E 44, E 94, E 95 (im April abgestellt).

Reisezugwagen der ehemaligen Länderbahnen und frühe DRG-Serien sowie im Verlauf des Zweiten Weltkriegs zur Bestandsauffüllung zurückbehaltene ausländische Fahrzeuge und schließlich Behelfspersonenwagen waren länger als

In Schönheide-Süd, dem früheren Wilzschhaus kreuzte die nach Aue führende, parallel zum Erzgebirgskamm verlaufende Kursbuchstrecke 440 die erste, ab 1881 erbaute sächsische Schmalspurbahn von Wilkau-Haßlau nach Carlsfeld. Bei Untersuchungsfristen und Schäden mussten Schmalspurloks wie hier im Sommer 1970 die sächsische IV K (BR 99.5-6) auf einem Transportwagen mit der 86 1311 ins Reichsbahnausbesserungswerk Schlauroth bei Görlitz gebracht werden. *Foto: Christian Etzweiler*

im Westen auf Reichsbahngleisen unterwegs. Vier Jahre später als bei der Deutschen Bundesbahn wurden ab 1957 erste Altfahrzeuge überholt und mit neuen Aufbauten versehen. Die weitere Entwicklung ist im Kapitel »Neue Loks und Züge« beschrieben.

Seit Ende der 60er-Jahre bewahrte die Deutsche Reichsbahn Exemplare von geschichtlich und technisch interessanten Lokomotivbaureihen vor der Verschrottung und erhielt sie teilweise sogar betriebsfähig. Wenn auch ihre Nachfolgerin, die Deutsche Bahn AG, die Einsatzfähigkeit von Museumsloks weitgehend privater Initiative überlässt, so kümmert sich doch das DB AG-Museum Nürnberg mit seinen Außenstellen in Dresden, Garmisch-Partenkirchen, Halle, Koblenz, Neumünster und Schwerin um eine stilvolle Präsentation der nicht betriebsfähigen Ausstellungsstücke in historischer Bahnumgebung. Auch soll nicht verschwiegen werden, dass zahllose Vereinigungen von Eisenbahnliebhabern mit Hingabe und erheblichen Kosten aufgearbeitete historische Fahrzeuge im Betrieb vorführen oder in vorbildlich hergerichteten Bahnanlagen präsentieren und damit den vergangenen »Zauber der Reichsbahn« wieder aufleben lassen.

Vom 426 m hoch gelegenen Bahnhof der damaligen Bezirksstadt Suhl klettert die DR-Kursbuchstrecke 626 nach Themar auf fünf Kilometer bis Suhl Friedberg auf 570 m, um dann nach Schleusingen und weiter abzufallen. Diese Partie hat im Sommer 1970 die auch mit Riggenbach-Gegendruckbremse versehene 94 1994 mit dem auf Konstruktionen aus der Länderbahnzeit zurückgehenden Wagenpark des P 3124 vor sich, der nach Schleusingen nur montags bis freitags verkehrte. *Foto: Christian Etzweiler*

Bei der Überführung der Privatbahnen in die Betriebsführung der Deutschen Reichsbahn 1949 gab es Ausnahmen: die Verwaltung der Binnenhäfen Oder in Frankfurt (Oder) wurde volkseigener Betrieb (VEB). Für die Hafenbahn wurde im Oktober 1963 von der Reichsbahn die 94 238, eine preußische T 16, erworben und als Lok 1 in Betrieb genommen. Am 31. Juli 1966 bedient sie Industrieanschlüsse im Hafenbereich. *Foto: Otto Blaschke*

Den Wechsel zur Reichsbahn machten neben Privatbahntriebfahrzeugen auch Lokomotiven von Werksbahnen mit, wie der 1913 von Henschel, Kassel, gebaute Dreikuppler der Solvay-Werke Bernburg. Erst 1953 übernommen, erhielt er die Nummer 89 6034 und wurde für den Einsatz auf der Oderbruchbahn 1961 mit einem Tender versehen. Ziemlich desolat steht die Maschine am 13. September 1967 im Bw Wriezen. *Foto: Otto Blaschke*

Wieder anders gestaltete sich der Lebenslauf der am 7. September 1970 bei einem Einsatz im heimischen Revier aufgenommenen Lok 5 des »VEB Industriebahn Erfurt-Ost«. Von Henschel 1912 für die Kleinbahn Langensalza als Nr. 1 geliefert, teilte sie 1949 das Schicksal aller Privatbahnlokomotiven. Nach 14 Jahren als 89 6019 begann schließlich ihr drittes Leben in Erfurt-Ost.

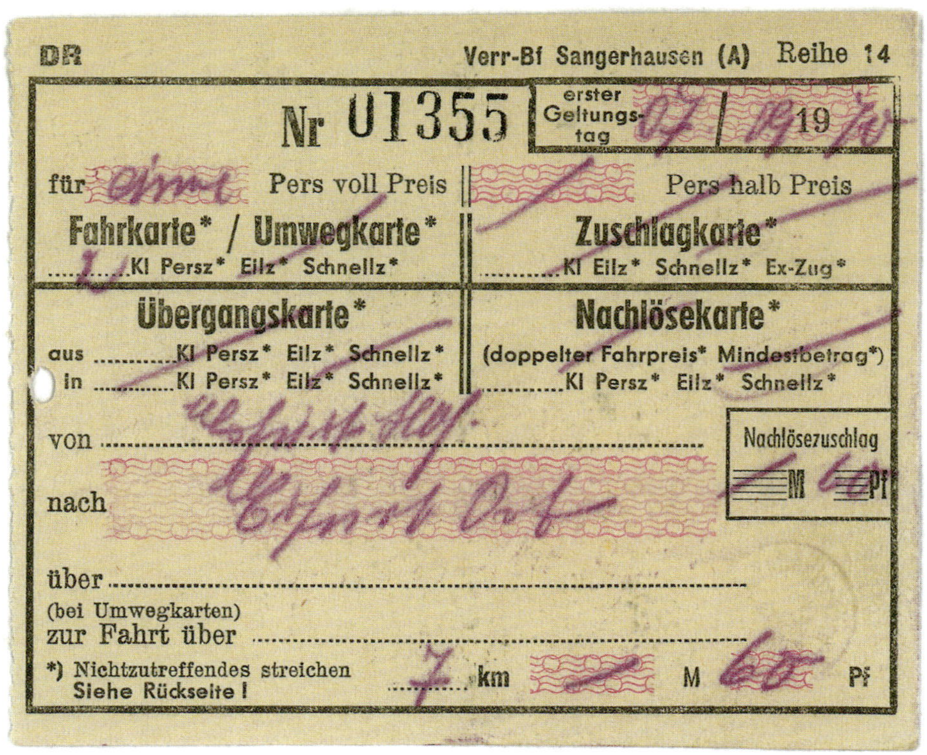

DR Verr-Bf Sangerhausen (A) Reihe 14

Nr 01355 erster Geltungstag 19

für eine Pers voll Preis | Pers halb Preis

Fahrkarte* / Umwegkarte* | Zuschlagkarte*

2 Kl Persz* Eilz* Schnellz* | Kl Eilz* Schnellz* Ex-Zug*

Übergangskarte* | Nachlösekarte*

aus .... Kl Persz* Eilz* Schnellz* | (doppelter Fahrpreis* Mindestbetrag*)

in .... Kl Persz* Eilz* Schnellz* | .... Kl Persz* Eilz* Schnellz*

von Erfurt Hbf

nach Erfurt Ost

Nachlösezuschlag M Pf

über ....

(bei Umwegkarten)

zur Fahrt über ....

*) Nichtzutreffendes streichen

Siehe Rückseite!

7 km M 60 Pf

Die sieben Kilometer lange Fahrt von Erfurt Hbf nach Erfurt Ost kostete 1970 genau 60 Pfennig.

In der DDR überlebten die preußische T 13 und T 13.1 bis 1970. So erklärt sich bei einer Aufnahme in Ilmenau am 21. September 1975 das Reichsbahnkleid der 92 638 damit, dass die zur Industriebahn Erfurt-Ost als Nr. 5 (zweite Besetzung) gehörende Maschine für Sonderfahrten umdekoriert wurde. Diesem Bedarf ist es wohl zu verdanken, dass diese Lokomotive noch heute bei der Museums-Eisenbahn Minden als preußische »Stettin 7906« existiert. *Foto: Dieter Schlipf*

Fast ein eigenes Kapitel hätte die am 31. Juli 1966 vor ihrem Schuppen aufgenommene Lok 2 – daneben Lok 1 – der Hafenbahn Frankfurt (Oder) verdient. Die Laufbahn des D-Kupplers begann nach Auslieferung von Henschel 1930 als Lok Nr. 129 der Lübeck-Büchener Eisenbahn. Am 1. Januar 1938 ereilte die Lok erstmals die Verstaatlichung. Nach wenigen Einsatzjahren als 92 437 wurde sie durch die Thüringische Eisenbahn AG (Theag) zunächst angemietet und 1945 gekauft. Aus der Nr. 98 der Theag machte die DR 1949 die 92 6878, die 1965 an ihren letzten Besitzer in Frankfurt (Oder) ging. *Foto: Otto Blaschke*

Die gegen die 18 314 getauschte S 3/6 18 434 war nicht die einzige Bayerin, die sich bei Kriegsende nördlich des Weißwurstäquators befand. Während die Schnellzuglok zurückkehrte, blieb die Lokalbahnmaschine 98 1108 in Preußen zurück. Am 13. September 1967 standen aber nicht mehr überall Lokruinen herum, wie die bay. GtL 4/4 mit Laufrad in Neu-Rüdnitz, die allerdings bis 1965 noch aktiv war. *Foto: Otto Blaschke*

Neben der schon im Bild vorgestellten 80 003 hatte das für die Kühlwagenaufarbeitung zuständige Raw Berlin Revaler Straße am 20. Mai 1966 noch mehr Raritäten zu bieten, wie z.B. die 91 6276, eine ELNA vom Typ 2, die bis 1949 als Nr. 141 bei der Strausberg–Herzfelder Kleinbahn nordöstlich von Berlin gelaufen war.

Am 19. August 1966 rangiert die von Henschel in Kassel mit der Fabriknummer 21777 im Jahr 1930 gebaute 91 6488 in Barth. Die ELNA-Maschine des Typs 5 wurde als Nr. 52 von den zur Landesbahndirektion Pommern (PLB) gehörenden Pyritzer Kleinbahnen südöstlich von Stettin in Betrieb genommen. Durch die Kriegsereignisse gelangte sie nach Vorpommern und tat bei der Franzburger Südbahn als Nr. 40 Dienst, bis sie unweit ihres bisherigen Einsatzgebiets ab 1949 unter Reichsbahnregie weiter beschäftigt wurde. *Foto: Otto Blaschke*

Ende der 60er-Jahre war die Baureihe 38.2-3, der sächsische Rollwagen, praktisch bis auf die Nossener 38 308 abgestellt. Während sie vor der Umnummerierung in 38 5308 noch normalen Dienst wie hier in Lommatzsch vor einem Nahgüterzug tat, wurde sie nicht lange nach der Rundfahrt anlässlich des MOROP-Kongresses in Dresden 1971 in Nossen abgestellt.

Foto: Karlheinz Brust

Im Gegensatz zur Bundesrepublik hielt sich die preußische Schwester des Rollwagens, die Baureihe 38.10-40, in der DDR nur ein paar Monate länger. Trotz kleiner Modernisierungen, wie dem Einbau des Giesl-Flachschornsteins bei der am 30. August 1967 in Gotha aufgenommenen 38 3782, konnte die Garbe-Konstruktion dem sich ausbreitenden V 100-Einsatz nicht standhalten.

Foto: Otto Blaschke

Bei der Durchfahrt durch die DDR von Probstzella nach Berlin in der Mitte der 60er-Jahre erwischte der Fotograf in Göschwitz (Saale) die Saalfelder 56 2009 mit einer bis auf den Packwagen herrlichen Abteilwagengarnitur. Für Rangieraufgaben war die Lok mit einer zusätzlichen Trittstufe vorn rechts ausgerüstet worden.

Nicht mehr in Reichsbahndiensten stand diese – bei der Vorbeifahrt des D 217 über Erfurt-Nord nach Berlin unweit Sangerhausen am 17. Juli 1967 aufgenommene – 56.20 als Werklok Nr. 8 eines volkseigenen Bergbau- und Hüttenkombinats. Beachtenswert ist die Zwischenwand vom Führerhaus zum Tender.

Neben den preußischen Personenzugmaschinen der Baureihe 38.10-40 waren am 30. August 1967 in Gotha auch Güterzugloks der ehemals größten deutschen Länderbahn vertreten: die preußische G 12 mit 58 1661 und 58 1941. Über dem Aufenthaltsraum ragt aus dem Kohlenberg einer der in der DDR verbreiteten blauen Kräne mit Schaufel zur Bekohlung hervor.

Foto: Otto Blaschke

Im September 1967 ist die mit vergrößertem Kohlebehälter und nach 1962 mit Witteblechen ausgerüstete 78 501, eine von sieben beim Bw Frankfurt (Oder) P stationierten T 18, mit einem Zug aus zweiachsigen Reichsbahn-Einheitspersonenwagen in Richtung Fürstenwalde-Erkner unterwegs. Der mit märkischen Kiefern umsäumte Bahnübergang ist offensichtlich in der Umrüstung auf eine im Andreaskreuz installierte Blinklichtanlage begriffen. *Foto: Otto Blaschke*

Die 1914 von der Union-Giesserei in Königsberg entwickelte preußische T 14 hat ihre Nachfolgerin, die 1919 ebenfalls aus Ostpreußen stammende T 14.1 (Baureihe 93.5-12) bei der Deutschen Reichsbahn überlebt, wenn auch nur um ein paar Monate bis Januar 1972. Als unverzichtbare Helferin beim Rangieren in Berlin Ostbahnhof hat die 93 052 am 22. Juli 1967 offensichtlich frei!

Die in Mitteldeutschland verbliebenen acht der insgesamt 15 Loks der Baureihe 62 trafen sich 1954/55 im Bw Meiningen, 1960 in Berlin Ostbahnhof, 1965 in Rostock und ab 1968 in Frankfurt (Oder). In Rostock hoben die mit Wendezugsteuerung versehenen Maschinen ab Sommerfahrplan 1965 den späteren S-Bahnbetrieb nach Warnemünde aus der Taufe. Am 24. August 1966 bespannte 62 010 eine Doppelstockgarnitur als Zug 1321 um 8.15 Uhr ab Rostock Hbf.

Die 35 Maschinen der Baureihe 43 waren nach dem Ende des Zweiten Weltkriegs alle bei der DR verblieben. Da die letzten Exemplare dieser Zweizylinder-Güterzuglokomotive bereits 1968 ausgemustert wurden, gehören Farbaufnahmen, wie die von 43 009, zu den Raritäten. Das Foto entstand am 3. August 1966 im Bahnhof Kraftwerk Finkenheerd bei Frankfurt/Oder. Die gut sichtbaren Stromschienen gehörten zur dortigen Werkbahn. *Foto: Otto Blaschke*

Eine elektrisch betriebene Regelspurbahn ersetzte 1930 die 1897 in 750 mm Schmalspur erbaute Buckower Kleinbahn. In Müncheberg ist am 9. September 1975 das Rollmaterial zu sehen, das nach einer Rekonstruktion Anfang der 80er-Jahre bis zur Einstellung des elektrischen Betriebs im Mai 1993 im Einsatz war. Den unermüdlichen Anstrengungen motivierter Eisenbahnbegeisterter ist es zu danken, dass der sehenswerte Betrieb museal weitergeführt wird. *Foto: Dieter Schlipf*

Zwei Kraftprotze der Baureihe 94.5-17 (pr. T 16.1) werden im August 1970 vor dem Lokschuppen von Ilmenau in Thüringen auf ihren nächsten Steilstreckeneinsatz vorbereitet. Die links stehende 94 1801 wurde als »8118 Hannover« gemäß den Bestimmungen des Versailler Friedensvertrages an Belgien übergeben. Im Zweiten Weltkrieg »mietete« die Reichsbahn die nunmehrige »9818« an. Seit 1942 in Mitteldeutschland stationiert, überlebte die belgische Preußin ihre SNCB-Schwestern um mehr als ein Jahrzehnt. *Foto: Christian Etzweiler*

Heute schauen an dieser Stelle wohl nur noch die bewaldeten Kuppen aus den Stauseefluten: Am 13. September 1975 sind es noch drei Wochen bis zur Einstellung eines besonderen Schauspiels für Eisenbahnfreunde, des Schiebebetriebs durch die sächsische XI HT mit der Reichsbahnnummer 94 2080. Wäre da nicht die lauschige Bahnhofsausfahrt mit den negativen Formsignalen in Eibenstock unt Bf betrachtenswert, die ihres Nummernschilds beraubte, halb verrostete Lok muss schon tüchtig dampfen, um Eindruck zu machen. *Foto: Dieter Schlipf*

So hoch sollte das Wasser des neuen Stausees natürlich nicht stehen. Aber Gleise, Bahnhof und vorsintflutliche Zugkomposition, wie hier im Sommer 1970 zu sehen, waren in Eibenstock ob Bf natürlich ohne die Verbindung zum unteren Bahnhof ebenfalls überflüssig. Die schon vorgestellte 94 2080 hatte zumindest seit ihrer Umzeichnung nur noch aufgemalte Ziffern. *Foto: Christian Etzweiler*

In Schleusingen steht im Sommer 1970 hinter einer preußischen T 16.1 mit Riggenbach-Gegendruckbremse und dem vor dem Dampfdom sichtbaren Schalldämpfer eine besonders edle Ausführung eines MCi-Behelfspersonenwagens mit oben abgerundeten Fensterecken. *Foto: Christian Etzweiler*

Abkürzungen

AT	Akkumulatoren-Triebwagen
Bw	Bahnbetriebswerk
CSSR	Tschechoslowakische Volksrepublik
DB	Deutsche Bundesbahn
DDR	Deutsche Demokratische Republik
DR	Deutsche Reichsbahn
DRG	Deutsche Reichsbahn-Gesellschaft
DSB	Dänische Staatsbahn
Ex	Expreßzug
FD	Fernschnellzug
ISG	Internationale Schlafwagen-Gesellschaft
LKM	VEB Lokomotivbau »Karl Marx«
MOROP	Verband Modellbahn Europa
ÖBB	Österreichische Bundesbahnen
OPW	Güterwagenpool der Sozialistischen Länder
OSShD	Organisation der Eisenbahnverwaltungen der Sozialistischen Länder
Raw	Reichsbahn-Ausbesserungswerk
RBD/Rbd	Reichsbahndirektion
RGW	Rat für gegenseitige Wirtschaftshilfe
SBZ	Sowjetische Besatzungszone
SED	Sozialistische Einheitspartei Deutschlands
SMAD	Sowjetische Militäradministration Deutschlands
SNCB	Belgische Staatseisenbahn-Gesellschaft
SNCF	Französische Staatseisenbahn-Gesellschaft
UdSSR	Union der Sozialistischen Sowjet-Republiken
UIC	Internationaler Eisenbahnverband
VEB	Volkseigener Betrieb
VES-M	Versuchs- und Entwicklungsstelle der Maschinenwirtschaft, Halle (Saale)

Quellenverzeichnis

Arge Eisenbahn-Kurier:	Die Lokomotiven der DB und DR 1970, Solingen 1970
Bahn Extra 5/2001:	Das war die Deutsche Reichsbahn, München 2001
Dokument. Enzyklopädie VI:	Eisenbahnen und Eisenbahner, Frankfurt 1974
Eisenbahn Journal:	Die Baureihe 52, Fürstenfeldbruck 1996
EK-Special 20a:	Die Deutsche Reichsbahn vor 25 Jahren, Freiburg 1990
Endisch, Dirk:	Baureihe 01.5, Stuttgart 2001
Endisch, Dirk:	Baureihe 62, Stuttgart 2002
Endisch, Dirk:	Baureihe 03 (Reko), Leonberg 2003
Endisch, Dirk:	Neubau-Dampflok der Dt. Reichsbahn, Stuttgart 2002
Estler, Thomas:	Das große Loktypenbuch, Stuttgart 2001
Gall, L., Pohl, M.:	Die Eisenbahn in Deutschland, München 1999
Heinrich, Peter:	Die sächsischen Schnellzuglokomotiven, Freiburg 1985
Lieb, Ulrich:	Typenkunde Dtsch. Elektrolokomotiven, Stuttgart 2003
Maedel, K. E.:	Geschichte der S 10.1, Stuttgart 1972
Messerschmidt, Wolfgang:	Taschenbuch Dt. Lokomotivfabriken, Stuttgart 1977
Obermayer, Horst J.:	Taschenbuch Deutscher Triebwagen, Stuttgart 1973
Obermayer, Horst J.:	Taschenbuch Dt. Dampflokomotiven, Stuttgart 1973
Reimer, Meyer, Kubitzki:	Kolonne, Die DR im Dienste der UdSSR, Stuttgart 1998
Reiners, Jan:	Kl. Typenkunde Dt. Museumsdampfloks, Stuttgart 2002
Theurich, Deppmeyer:	Deutsches Wagenarchiv, Reisezugwagen 3, Berlin 1994
Wagner, Deppmeyer:	Deutsches Wagenarchiv, Reisezugwagen 2, Berlin 1994
Weisbrod, Wiegard:	Deutsches Lok-Archiv, Band 6, Stuttgart 1998
Wenzel, Hansjürgen:	Die Baureihe 94, 2. Auflage, Freiburg 1980

Vergangenheit

Bastubbe/Dath/Reimer/Zschage
Bubikopf, Taigatrommel & Weiße Lady
Die Autoren haben seit Mitte der siebziger Jahre einen Fundus an außergewöhnlichen Aufnahmen geschaffen. Diese Farbbilder machen das Buch zu einer wichtigen Beschreibung ostdeutscher Eisenbahngeschichte.
160 Seiten, 173 Farbbilder **Best.-Nr. 71232 € 29,90**

Erich Bohne
Kohle, Ruß und heißes Öl
In den 70er- und 80er-Jahren roch es auf den Berliner Bahnhöfen nach Kohle, Ruß und heißem Öl. Damals beherrschten noch Dampfloks die Gleise der Stadt. Diese Epoche hält dieser Band in einmaligen Bildern fest – und Sie schnuppern noch einmal echte Berliner Eisenbahn-Luft.
192 Seiten, 207 Bilder **Bestell-Nr. 71175 € 32,–**

Ralf Kutschke/Michael Klaus/Uwe Möckel
Die Dampf-Brigade
Die Ölkrise bescherte in der DDR den letzten dampfbetriebenen Schienensauriern Anfang der 80er-Jahre eine Renaissance. In ihrem reich illustrierten Buch berichten die drei Autoren von ihrer Jagd auf die Dampfloks sowie von ihrem Kampf gegen diensteifrige Transportpolizisten.
192 Seiten, 200 Bilder **Bestell-Nr. 71204 € 29,90**

Horst Regling
Schienenverkehr in der DDR Band 1
Die Entwicklung der DR in den Sechzigerjahren im Spiegel verschiedener Beiträge aus dem »Eisenbahn-Jahrbuch«.
208 Seiten, 218 Bilder, 63 Zeichnungen
Bestell-Nr. 71156 € 16,–

Horst Regling
Schienenverkehr in der DDR Band 3
In Beiträgen zwischen 1976 und 1980 erinnert der dritte Band der Reihe an die Zeit Ende der 70er-Jahre.
208 Seiten, 270 Bilder, 68 Zeichnungen
Bestell-Nr. 71186 € 16,–

Horst Regling
Schienenverkehr in der DDR Band 4
Der vierte und letzte Band lässt die Entwicklung der DR Anfang der 80er-Jahre Revue passieren.
208 Seiten, 318 Bilder **Bestell-Nr. 71203 € 16,–**

IHR VERLAG FÜR EISENBAHN-BÜCHER

Postfach 10 37 43 · 70032 Stuttgart
Telefon (07 11) 2108065 · Fax (07 11) 2108070
www.paul-pietsch-verlage.de

trans press

Stand Juni 2004 – Änderungen in Preis und Lieferfähigkeit vorbehalten